冶金工业出版社

普通高等教育"十四五"规划教材

图像测量原理

孙文邦　刘　宇　编著

北　京

冶金工业出版社

2023

内 容 提 要

本书从基础理论、成像模型和测量应用三个方面详细介绍了图像测量及其应用。全书共分 8 章，主要内容包括图像测量基础、物方坐标转换、日照参数计算、遥感构像方程、影像目标定位、影像目标测距、影像目标测高和影像方位测量。

本书可作为普通高等院校航空遥感等相关专业的教材，也可供有关科研人员和工程技术人员参考。

图书在版编目（CIP）数据

图像测量原理/孙文邦，刘宇编著. —北京：冶金工业出版社，2023.5
普通高等教育"十四五"规划教材
ISBN 978-7-5024-9475-9

Ⅰ.①图…　Ⅱ.①孙…　②刘…　Ⅲ.①数字图像处理—高等学校—教材　Ⅳ.①TN911.73

中国国家版本馆 CIP 数据核字（2023）第 067551 号

图像测量原理

出版发行 冶金工业出版社		**电　话**	(010)64027926
地　址 北京市东城区嵩祝院北巷 39 号		**邮　编**	100009
网　址 www.mip1953.com		**电子信箱**	service@ mip1953.com

责任编辑　刘林烨　美术编辑　吕欣童　版式设计　郑小利
责任校对　梁江凤　责任印制　禹　蕊
三河市双峰印刷装订有限公司印刷
2023 年 5 月第 1 版，2023 年 5 月第 1 次印刷
787mm×1092mm　1/16；11 印张；265 千字；167 页
定价 **55.00 元**

投稿电话　(010)64027932　投稿信箱　tougao@cnmip.com.cn
营销中心电话　(010)64044283
冶金工业出版社天猫旗舰店　yjgycbs.tmall.com
（本书如有印装质量问题，本社营销中心负责退换）

前　言

近年来，随着图像测量应用领域不断扩展，以及计算机技术和数字图像处理技术迅猛发展，图像测量技术在国内外迅速崛起。特别是电荷耦合器件（CCD，Charge Coupled Device）技术的发展，进一步促进了图像测量技术的形成和发展，其应用范围越来越广，对环境的要求也越来越低。图像测量技术作为一种新兴的非接触测量方法和无损检测技术有着独特的优越性，它通过把被测对象的图像作为检测和传递信息的手段，从图像中提取有用信息进而获得待测参数，已广泛应用于国防、安防、医疗、工业等国计民生的多个领域。

本书是作者根据自身从事航空图像测量计算的多年实践经验编写而成的。本书主要研究航空遥感图像中目标几何特征提取相关问题，这些问题对航空遥感影像定量解译、"人-机"交互解译等发展具有关键支撑作用。本书重点介绍了航空图像中目标的位置、长度、高度及图像方位测量基本原理与方法，包括图像测量基础、物方坐标转换、日照参数计算、遥感构像方程、影像目标定位、影像目标测距、影像目标测高、影像方位测量8个部分，并对各种航空成像遥感设备建立了数学模型，在此基础上研究解决了适合航空成像设备的图像测量原理，为进一步数字化定量解译以及"人-机"交互解译提供了良好的理论基础。

本书主要由孙文邦、刘宇撰写，孙文邦统稿。感谢于光、吴迪、白新伟、岳广在本书的编写过程中付出的辛勤劳动。

由于编者水平所限，书中不妥之处，敬请广大读者批评指正。

作　者

2022 年 9 月于长春

目　　录

1 图像测量基础

航空图像测量实质上是根据被摄物体的影像判定其几何属性。从几何角度讲，航空图像测量是根据影像空间的像点位置重建物体在目标空间的几何模型。本章需要了解掌握航空遥感成像方式、不同航空图像的基本特点、图像坐标系、坐标系中位置与姿态描述，以及构像方程等基础知识。

1.1 航空遥感成像方式

目前，航空遥感成像方式按投影方式主要分为中心投影成像和斜距投影成像两大类。其中，中心投影成像又可以分成面中心投影成像、线中心投影成像和点心投影成像三种类型；按照投影方式还可分成画幅式、扫描式和斜距式三种方式；按照波段可以划分为全色成像、彩色成像、多光谱成像或高（超）光谱成像。其中，画幅式是按照面中心投影方式，主要用于可见光和近红外波段成像；扫描式是按照线中心投影和点中心投影方式，又可分为顺迹扫描和横迹扫描两种方式，主要用于可见光到热红外波段成像；斜距式是按照斜距投影方式，主要用于微波成像。

1.1.1 画幅式成像

画幅式相机是最常用的遥感成像设备之一，是按照面中心投影方式进行成像。

1.1.1.1 画幅式成像原理

画幅式成像原理如图 1-1 所示，面中心投影图像中各个像点位于一个平面上，整幅图像只对应一个传感器投影中心和姿态。成像效果图如图 1-2 所示。

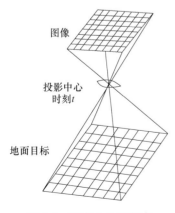

图 1-1 面中心投影方式　　　　图 1-2 面中心投影图像　　　　扫码查看彩图

画幅式相机既可以采用摄影胶片记录地面目标的电磁波辐射信息，经摄影处理后变成模拟影像，也可以采用电子探测器件，如电荷耦合器件（CCD，Charge Coupled Device），将地面目标的电磁波辐射信息转换成电信号，经处理后变成数字影像。例如，目前航摄无人机多采用面阵 CCD 感光器件记录地面目标的电磁波辐射信息，属于画幅式可见光波段被动数字传感器。

画幅式传感器既可以获得全色图像（panchromatic images）和彩色图像，也可以获得多光谱图像（multispectral images）。所谓全色图像是指记录了能探测到的影像所有的电磁波谱信息的灰度图像。早期的全色图像只记录可见光信息，此时的全色图像主要是可见光范围内的灰度图像。而数码相机的感光范围已大大扩展，现在的全色图像不仅可以包含可见光信息，还可以包含部分近红外电磁波信息。

1.1.1.2　画幅式图像几何特点

画幅式图像可以分为垂直图像与倾斜图像，二者的图像特点存在着明显的不同。

A　垂直画幅图像特点

垂直画幅图像的特点是在垂直画幅图像中影像形状的变化取决于目标的高度和目标在图像上的位置。其中，点、平行于像面的平行线和平行于像面的曲线在图像上仍然是点、平行线和曲线，与地物相应目标顶部形状基本一致，如图 1-3 所示。

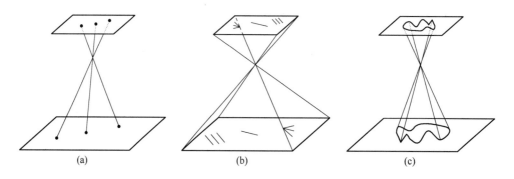

图 1-3　点、直线、曲线投影
（a）点目标；（b）直线目标；（c）曲线目标

垂直于地面的物体在垂直图像中表现出不同的形状，如图 1-4 所示。当直线延长线不通过投影中心，直线投影还是直线，而直线的延长线通过投影中心，则成一个点。在垂直图像中，位于像主点（镜头光轴与像面垂直的交点）位置的目标只能是顶部形状，而其他位置由于顶部和底部不在一个位置上。因此，底点是目标的实际位置，顶点则产生了位置移动，如图 1-5 所示。

根据以上分析可知，高出地面的垂直目标反映在垂直图像中影像形状均符合以下规律：

（1）位于图像的像主点处目标，所呈现的都是目标顶部的形状；

（2）位于图像的像主点以外目标，所呈现的是目标顶部和目标侧面的形状，成为以像主点为中心，向外倾斜的状态，并且越接近边缘和目标越高，其侧面形状越显著；

（3）将目标侧面影像的顶点和底点连成直线，并延长，可相交于图像的像主点。

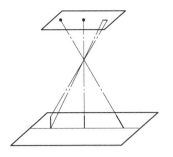

图 1-4　垂直目标成像

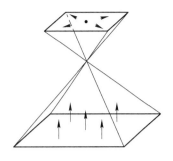

图 1-5　垂直目标在垂直图像上形状变化

低于地面的垂直目标，反映在垂直图像中的形状，也基本符合上述规律，只是变形后，像点的位移的方向不同。

如图 1-6 所示，像主点 o 处大楼只有顶部形状，而其他位置上大楼既有顶部形状，也有侧面形状。图中两处的大楼顶部和底部的连线 aa_0 和 $a'a_0'$，其延长线交于像主点 o 的位置。

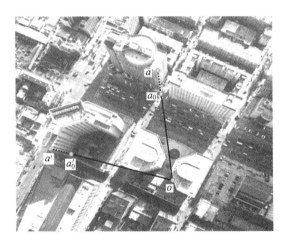

图 1-6　垂直图像上目标形状特点

B　倾斜画幅图像特点

倾斜画幅图像中最主要的特点是图像的比例尺不一致，呈由近景线向远景线逐渐缩小的状态，这是造成目标图像变形的主要原因。倾斜图像实例如图 1-7 所示。

图像中跑道边缘实际上是平行的，但在图像上并不平行，而垂直于跑道两侧目标边缘是平行的，图像中仍然是平行的。因此，平行的线状目标（如公路、铁路）反映在倾斜图像上有时不平行，方形的田地变成梯形或菱形，圆形的水池变成椭圆等。

一般航空遥感获得的图像与地平面存在透视对应关系，掌握其中的一些特殊点和线，有助于定性和定量地分析航空图像的几何特性。

（1）透视轴与像片倾角。如图 1-8 所示，E 表示地平面，P 表示像平面（倾斜像片就处在像平面内），像平面 P 与地平面 E 相交的迹线 TT' 称为透视轴，像平面 P 与地平面 E 的夹角称为像片倾角 α。

图 1-7 倾斜图像

扫码查看彩图

（2）主光轴、像主点、主距。过摄影中心点 S 作像平面 P 的垂线称为主光轴，主光轴与像平面的交点 o 称为像主点，垂距 f 称为主距。

（3）铅垂光线、像底点、地底点和航高。过摄影中心点 S 作地平面 E 的垂线称为铅垂光线，铅垂光线交于像平面 P 上的 n 点称为像底点，铅垂光线交于地平面上的 N 点称为地底点，摄影中心点 S 到地底点 N 的距离为航高 H。

注意：在倾斜画幅图像中像主点与像底点不重合，而在垂直画幅图像中像主点与像底点重合为一点。

（4）等角点与共轭点。过摄影中心点 S 作 $\angle oSn$ 的平分线与像平面 P 的交点 c 称为等角点（有些文献也称等比点），与地平面 E 交点 C 称为共轭点。

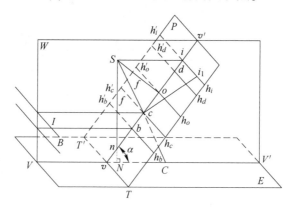

图 1-8 特殊点与线

（5）主垂面、摄影方向线、主纵线。过铅垂线 Sn 与主光轴 So 作平面（即摄影中心点 S、像主点 o、像底点 n 构成的平面）称为主垂面 W（有些文献也称主面）。主垂面 W 与地平面 E 的交线 VV' 称为摄影方向线，与像平面 P 的交线 vv' 称为像片主纵线，表示像片面的最大倾斜方向线。

（6）真地平线、视地平线。过摄影中心点 S 的水平面与像平面 P 的交线称为真地平线 h_ih_i'（有些文献也称为地平线或真水平线），地面与天空分界线在像片上的构像称为视地

平线 $h_d h_d'$。

（7）主横线、等比线、比例尺线。在像平面 P 上，分别过点 o、c 作透视轴 TT' 的平行线，得到的 $h_o h_o'$、$h_c h_c'$ 分别称为主横线和等比线。过等比线 $h_c h_c'$ 平行于地平面 E 的平面称为垂直焦距平面 I。倾斜图像与垂直图像在等比线处比例尺相等。

由倾斜照片平面和所需比例尺地图（或该比例尺的纠正图）的交线 $h_b h_b'$ 称为比例尺线（比例尺等比线）。过比例尺线 $h_b h_b'$ 平行于地平面 E 的平面称为地图（或特定比例尺）平面 B。倾斜图像和地图在比例尺线处的比例尺相同。

（8）真倾角、视倾角、俯角。在图 1-8 中，$\angle iSo$ 称为真倾角 θ，$\angle dSo$ 称为视倾角，$\angle iSd$ 称为俯角。

注意：真倾角 θ 与像片倾角 α 为互余角。

（9）合点、主合点、合线。合点用 $i_n (n = 0, 1, 2, \cdots)$ 表示，所谓合点就是在真地平线 $h_i h_i'$ 上的任一点。无数照片上的线可以由合点引出，这些线代表着地面或地图上的平行线。这些平行线的方向就是合点 i（或 i_1、i_2、$\cdots$）与等比点 c 的连线方向，合点与等比点 c 的连线称为合线。其中真地平线 $h_i h_i'$ 与主纵线 vv' 的交点 i 称为主合点。

例如在图 1-9(a) 中，在地平面 E 上的一组平行于摄影方向线 VV' 的平行线，其在像平面上的影像延长线交于主合点 i。如图 1-9(b) 所示，在地平面 E 上的一组平行于透视轴 TT' 的平行线，在像平面上的影像仍是平行的，但其端点连线的延长线同样交于主合点 i。

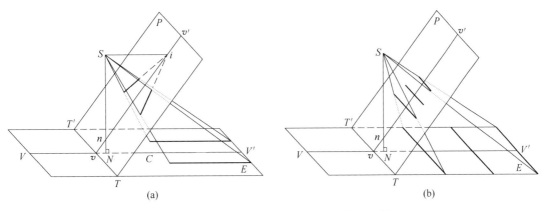

图 1-9 间隔相等的平行线在倾斜图像上投影

（10）主遁点。像平面上的平行线，其对应的地面地物的延长线交于点 J，且 SJ 平行于像平面 P，如图 1-10 所示。相交点 J 称为主遁点。

高出地面的目标，反映在倾斜图像中的形状是目标的顶部和侧面形状。当相机倾角增大时，目标的顶部形状逐渐缩小，而侧面的形状逐渐增大。如果垂直于地面的平行线，其在像平面上的影像延长线交于像底点 n，如图 1-11 所示。

由图 1-8 可以看出，以过主垂面 W 的特殊点、线为基础，可以求得航空摄影图像特殊点、线之间的相互关系为：

$$\overline{on} = f\tan\alpha, \quad \overline{oc} = f\tan\frac{\alpha}{2}, \quad \overline{oi} = f\cot\alpha, \quad \overline{Si} = \frac{f}{\sin\alpha}$$

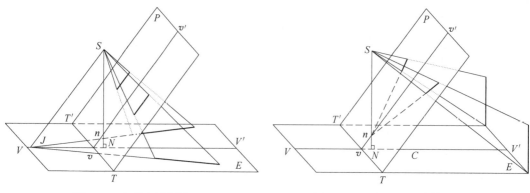

图 1-10　主遁点示意图　　　　　　图 1-11　垂直地物影像的交点情况

上述各点、线在图像上是客观存在的，但除像主点在图像上的位置容易找到外，其他点、线均不能在图像上直接找到，需要通过求解才能得到。

1.1.2　顺迹扫描式成像

扫描式相机主要分为顺迹扫描仪（along-track scanner）和横迹扫描仪（across-track scanner）两大类。顺迹扫描相机是常用图像传感器之一，例如当前国内外许多资源卫星均采用数字感光器件记录地面目标的电磁波辐射信息，属于顺迹扫描式被动数字传感器。有些机载多光谱或高光谱也采用顺迹扫描式成像。

1.1.2.1　顺迹扫描成像原理

顺迹扫描是指扫描方向与飞行方向相同的扫描方式，一般是按照线中心投影方式进行成像，线中心投影获得的图像又称线阵列图像。线阵列探测器垂直于飞行方向安置在成像系统的焦平面上，扫描线对应的地面景物的电磁波辐射信息经光学系统聚焦在线阵列探测器上，经处理后得到飞行方向的一条影像线。随着平台的向前移动，以"推扫"方式获取连续的影像带，构成二维图像，因此顺迹扫描仪又称推扫式扫描仪（pushbroom scanner）。顺迹扫描原理如图 1-12 所示，效果图如图 1-13 所示。

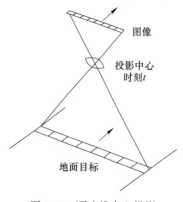

图 1-12　顺迹线中心投影　　　　　　图 1-13　顺迹线中心投影图像

1.1.2.2　顺迹扫描图像几何特点

顺迹扫描图像上的每一条影像线都对应一个传感器中心和姿态，且不同影像线对应的传感器投影中心和姿态是不一样的。顺迹扫描图像由于采用线中心投影，故在垂直图像中影像形状的变化取决于目标的高度和目标在图像上的位置。其中，点、平行于像面的平行线和平行于像面的曲线在图像上仍然是点、平行线和曲线，与地物相应目标顶部形状基本一致，如图 1-14 所示。

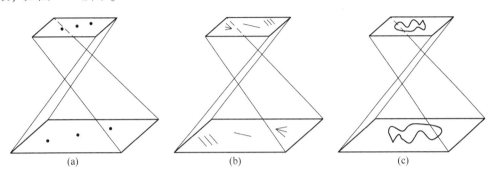

图 1-14　点、直线、曲线投影

（a）点目标；（b）直线目标；（c）曲线目标

垂直于地面的物体在垂直图像中表现出不同的形状，如图 1-15 所示。当直线的延长线不通过投影中心，直线投影还是直线，而直线的延长线通过投影中心，则成一个点。在垂直图像中，位于每一行的像主点位置的目标只能是顶部形状，而其他位置由于顶部和底部不在一个位置上。因此，底点是目标的实际位置，顶点则产生了位置移动，如图 1-16 所示。比较画幅式图 1-5 和图 1-16 可以看出，虽然都是中心投影，但是目标的位置移动方向不同。

图 1-15　垂直目标成像

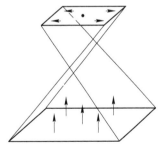

图 1-16　垂直目标在垂直图像上形状变化

根据以上分析可以得知，高出地面目标反映在垂直顺迹扫描图像中影像形状均符合以下规律：

（1）位于图像的每一行像主点处目标，所呈现的都是目标顶部的形状；

（2）位于图像每一行像主点以外目标，所呈现的是目标顶部和目标侧面的形状，成为以每一行的像底点为中心，向外倾斜的状态，并且越接近边缘和目标越高，其侧面形状越显著；

（3）将目标侧面影像的顶点和底点连成直线，并延长，可相交于图像的每一行像底点位置上。

低于地面的目标，反映在垂直图像中的形状，也基本符合上述规律，只是变形后，像点位移的方向不同。正是由于线中心每一条影像线都对应一个传感器中心和姿态随着遥感平台的状态而变化，如果遥感平台状态不是很稳定，有时则引起线中心投影图像产生严重的扭曲现象，如图 1-17 所示。

顺迹扫描仪类似于早期缝隙式相机（slit camera）。缝隙式相机在摄影瞬间所获得影像是与遥感平台飞行方向垂直，且与缝隙等宽的一条地面影像带。当遥感平台向前飞行时，在相机焦平面上与飞行方向垂直狭缝中，出现连续地面影像。若相机内胶片也不断地卷绕，且卷绕速度与地面影像在隙缝中移动速度相同就能获得连续摄影图像，如图 1-18 所示。

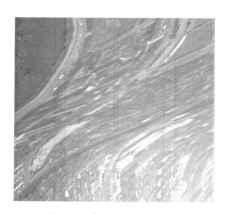

图 1-17　中心投影扭曲现象

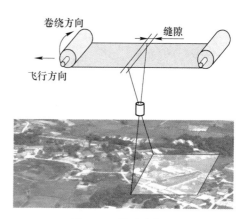

图 1-18　缝隙式相机

1.1.3　横迹扫描式成像

横迹扫描相机是常用的图像传感器之一，主要分为点横迹扫描和线横迹扫描两种。

1.1.3.1　成像原理

横迹扫描是指扫描方向与飞行方向垂直的扫描方式，主要按照线中心投影方式和点中心投影方式进行成像。

点中心投影成像原理是扫描仪的旋转镜垂直于飞行方向摆动，对应的地面景物的电磁波辐射信息经光学系统聚焦在探测器上，在垂直于飞行方向上形成一条扫描影像，随着平台的向前移动，就可以获取连续的影像条带，构成二维图像。点心投影方式原理如图 1-19 所示，其效果图如图 1-20 所示。图像上的每一个像素点都对应一个传感器投影中心和姿态，且不同像点对应的传感器的投影中心和姿态都不一样。

线中心投影横迹扫描方式一般用于全景传感器，成像原理如图 1-21 所示，实际效果图如图 1-22 所示。

全景成像方式突出的特点是感光面与镜头中心距离为 f，固定不变。

1.1.3.2　横迹扫描图像几何特点

点中心投影横迹扫描图像几何特点与顺迹扫描图像相似。只是由于点中心每一个像素点都对应一个传感器中心和姿态，随着遥感平台的状态而变化。如果遥感平台状态不是很稳定，则引起点中心投影图像产生扭曲现象，如图1-20所示。

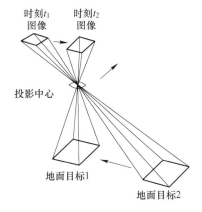

图1-19　横迹点中心投影

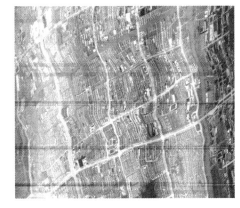

图1-20　横迹点中心投影效果图

扫码查看图片

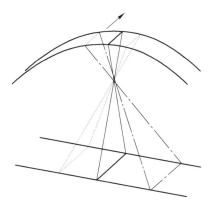

图1-21　全景成像方式

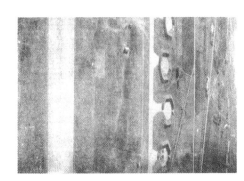

图1-22　全景成像效果图

扫码查看图片

全景成像方式属于线中心投影方式，其垂直全景图像几何特征如图1-23方格网所示。垂直全景图像位于主景线（图1-23中x轴）上目标呈现出顶部形状，相当于垂直图像；主景线两侧目标影像，则呈现出顶部和侧面的形状，相当于倾斜图像，且从中间向两侧，顶部形状越来越小，影像越来越小。与飞行方向一致的仍为直线，但线与线之间距离越向边缘越小；与飞行方向垂直的直线呈向两侧收敛的曲线状，而且离图像中心越远，曲度越大。

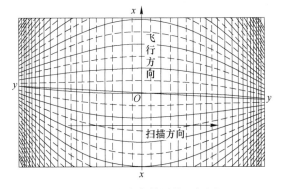

图1-23　垂直全景图像坐标网

由于成像时，传感器随着平台向前运动，因此曝光瞬间影像在像面上也随着移动，这就使影像产生了另一种变形，使得除飞行方向一致的物体影像外，其他方向的物体影像都会产生歪扭，尤其是垂直于飞行方向的物体，其影像歪扭更大。例如，图 1-23 中横向中间一条线并不是直线，而是呈现出 S 型扭曲。

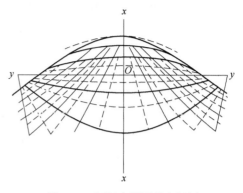

倾斜全景图像与倾斜图像比较相似，地面方格网反映在倾斜全景图像上如图 1-24 所示。

图 1-24　倾斜全景图像坐标网

1.1.4　多光谱成像

多光谱成像方式获得多光谱图像。所谓多光谱图像是指对同一景物摄影时，分波段记录景物辐射电磁波信息，形成一组多波段灰度图像，如图 1-25 所示。

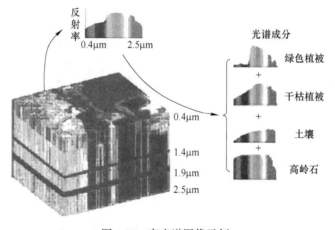

图 1-25　高光谱图像示例

扫码查看彩图

1.1.4.1　成像原理

多光谱成像一般分为摄影方式传感器和扫描方式传感器两种方式，其中摄影方式传感器工作波段一般是从可见光到近红外，通过滤光片分光；而扫描方式传感器工作波段一般是从可见光到远红外，是利用分光计分光。

多光谱传感器将接收地面目标景物反射或辐射的电磁波，分成若干波段（通道）同时进行探测，所获取的遥感信息是将可见光和红外波段分割成几个、几十个甚至几百个波段，只是取若干个离散的宽波段。

常见的多光谱相机有单镜头和多镜头两种形式。单镜头型多光谱相机是在物镜后利用分光装置，将收集的光束分离成不同的光谱成分，分别记录在不同的介质上，形成地物不同波段影像。多镜头多光谱相机是利用多个物镜获取地物在不同波段的反射信息（如在不同镜头前加不同的滤光片），分别记录在不同的介质上，形成地物不同的影像。

1.1.4.2　多光谱图像特点

多光谱不同波段图像在几何上一般要求完全配准，但记录的是景物在不同波段范围内的电磁波信息。多光谱成像的目的是充分利用地物在不同光谱区的光谱特性，增加探测对象的信息量，以便提高影像的解译和识别能力。

在利用遥感影像识别地物时，在一定波长范围内被分割的波段越多，即波谱采样点越多，越接近于连续波谱曲线，因此可以使多光谱传感器在获取地物影像的同时也能获取该地物的光谱组成，这种获取地物的"谱像合一"的成像光谱技术更有利于地物性质的识别。高光谱成像光谱仪（简称成像光谱仪）就是利用成像光谱技术研制的一种扫描方式的遥感器，在 20 世纪 80 年代初正式开始研制。研制这类仪器的主要目的是想在获取大量地物目标窄波段（波段数为几十至几百）连续光谱图像的同时，获得每个像元几乎连续的光谱数据。

1.1.5 斜距式成像

目前斜距投影仅用于微波雷达成像。微波是指波长 1mm ~ 1m（即频率 300MHz ~ 300GHz）的电磁波，它比可见光—红外（0.38~18μm）波长要长得多。最长的微波波长可以是最短的光学波长的 250 万倍。地面物质的微波反射、发射与它们对可见光或热红外的反射、发射无直接关系。一般说来，通过微波响应使人们从一个完全不同于光和热的视角去观察世界。

1.1.5.1 雷达成像原理

成像雷达属于主动式成像传感器，工作机理和方式与可见光、红外相机有根本性的差异。可见光、红外相机用的是光学技术，主要基于地物对太阳辐射的反射或地物自身辐射的强弱成像；而雷达微波成像用的是无线电技术，基于成像雷达天线主动发射微波又接收该微波照射到地物目标后返回后向散射波而成像。成像雷达发射的波长大都在微波（0.1~100cm）范围内，所以又把雷达图像称作微波图像。成像雷达主要分为真实孔径雷达、合成孔径雷达两种类型，目前主要应用的是合成孔径雷达。

成像雷达的工作原理如图 1-26 所示。天线装在飞行器的侧面（正因此，成像雷达又称侧视雷达），在飞行器运行过程中，雷达发射天线向平台行进方向（称为方位方向）的侧向（称为距离方向）发射一束宽度很窄的脉冲电磁波束，这样照射到地面的连续微波条带就形成了一个类似于行扫描仪产生的连续视场条幅。

如果每个视场条幅照射到不同微波反射、散射特性的地物，那么被同一天线接收记录的雷达反射、散射回波的强弱就会发生变化。与此同时，视场条幅的两侧至天线距离不一，自左至右或自右至左（这取决于右向侧视或左向侧视）逐渐增大，因此其回波信号到达天线的时间就会有先后。这种强弱、先后都有差异的信号，经适当处理，记录下来，就可获得一张反映地面状况的雷达图像。

成像雷达的分辨率可分成距离分辨率和方位分辨率两种，在距离方向和方位方向的地面分辨率是不一样的。

A　距离分辨率

距离分辨率是在距离方向上能分辨的最小目标的尺寸，如图 1-27 所示。距离分辨率 ΔR 的计算公式为：

$$\Delta R = \frac{\tau c}{2\cos\theta} = \frac{c}{2\omega}\sec\theta \qquad (1-1)$$

式中，c 为波速；τ 为脉冲宽度；ω 为频带宽度，$\omega = \dfrac{1}{\tau}$；θ 为雷达侧视俯角。

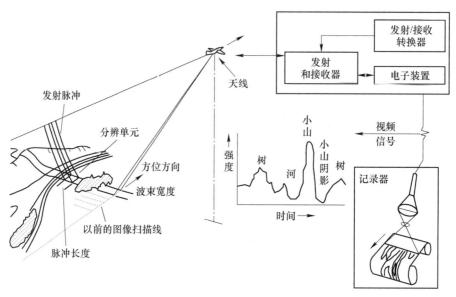

图 1-26　侧视雷达工作原理

　　从式(1-1)可以看出，侧视角（有些文献称俯角）越大，距离分辨率越低，侧视角越小，其距离分辨率越高。另外，脉冲的持续时间（脉冲宽度 τ）越短，距离分辨率越高。若要提高距离分辨率，需要减小脉冲宽度，但脉冲宽度过小会使雷达发射功率下降，回波信号的信噪比降低，由于这两者之间矛盾使得距离分辨率难以提高。为了解决这一矛盾，一般采用脉冲压缩技术来提高距离分辨率。

　　脉冲压缩的核心技术就是线性调频调制和信号相关运算，将较宽的脉冲调制成振幅大、宽度窄的脉冲技术。如果脉冲宽度内频率变化量 Δf，则压缩后脉冲宽度为 $\tau = \dfrac{1}{\Delta f}$。因此，距离分辨率可以表示为：

$$\Delta R = \frac{c}{2\Delta f}\sec\theta \tag{1-2}$$

　　B　方位分辨率

　　对于真实孔径雷达，方位分辨率 ΔL 主要由波束宽度、目标与天线之间的距离 R 决定，如图 1-28 所示。方位分辨率 ΔL 的计算公式为：

$$\Delta L = \beta R = \frac{\lambda}{D}R \tag{1-3}$$

式中，β 为波束宽度；R 为斜距；D 为天线孔径。

　　由式(1-3)可见，若发射波长 λ 越短，或天线孔径 D 越大，目标与地物距离 R 越近，则方位分辨率 ΔL 越高。因此在天线波束范围内，目标位于距离近的方位分辨率要高于目标位于远处方位分辨率。

　　要提高真实孔径雷达的方位分辨力，只有加大天线孔径、缩短探测距离和工作波长。这几项措施无论在飞机上还是在卫星上使用时都受到限制。例如，波长 $\lambda = 3\mathrm{cm}$ 的雷达，

其天线孔径 $D=4$m，在 200km 高度上对地面进行探测，方位分辨力为 1.5km。若要求方位分辨力达到 3m，以便分辨出公路上的汽车，天线孔径就要求达到 2000m。这样长的天线，无论对机载还是星载都是不可能采用的。

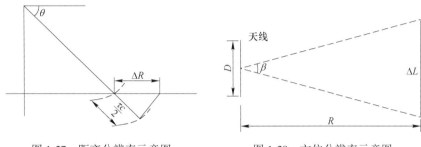

图 1-27　距离分辨率示意图　　　　图 1-28　方位分辨率示意图

由此可见，真实孔径侧视雷达难以在航空航天遥感中应用就是这个原因。为了解决这个矛盾，目前主要是采用合成孔径技术来提高侧视雷达的方位分辨率。合成后的天线孔径长度 L_S、合成波束宽度 β_S 的计算公式分别为：

$$
\begin{cases}
L_S = \beta R = \Delta L \\
\beta_S = \dfrac{\lambda}{2L_S} = \dfrac{D}{2R}
\end{cases}
\tag{1-4}
$$

因此，合成孔径雷达的方位分辨率 ΔL_S 为：

$$
\Delta L_S = \beta_S R = \frac{D}{2R}R = \frac{D}{2}
\tag{1-5}
$$

式(1-5)表明合成孔径雷达的方位分辨率与距离无关，仅与实际天线的孔径有关，且天线越短，分辨率越高。

例如天线孔径为 8m，波长为 4cm，目标与平台间的距离为 400km 时，真实孔径雷达的方位分辨率为 2km，而合成孔径雷达的方位分辨率仅为 4m。

1.1.5.2　雷达图像几何特征

侧视雷达在记录地面目标的影像位置时是按其回波的到达时间顺序记录在相应位置上，即依照目标与天线之间的距离大小按顺序记录，所以雷达图像是地面的距离投影，具有固有的几何特点，认识这些几何特点，对于正确地分析雷达图像是十分必要的。

A　斜距图像的比例失真

雷达图像中一般沿航迹向的比例尺是一个常量，它取决于记录地物目标的速度与飞机或卫星航速之比。但是沿距离向的比例尺就复杂了。因为雷达系统的图像记录有斜距图像（slant-range）和地距图像（ground-range）两种类型。在斜距显示的图像上，发射脉冲与接收脉冲之间有一个时间"滞后"，雷达回波信号的间隔与相邻地物的斜距（传感器与目标间距）成正比。因而，在斜距图像上各点目标间的相对距离与目标的地面实际距离并不保持恒定的比例关系，使图像在距离受到不同程度的压缩。一般情况下，与底点较近的目标被压缩得严重些，与底点较远的目标压缩得较轻些。

如图 1-29 表示了地面上相同大小的地块 A、B、C 在斜距图像和地距图像上的投影，

A 是距离雷达较近的地块，但在斜距图像上却被压缩最大，可见比例尺是变化的，这样就造成了图像的几何失真，如图 1-30 所示。这一失真的方向与航空摄影所得到的像片形变方向刚好相反，航空摄影像片中是远距离地物被压缩。

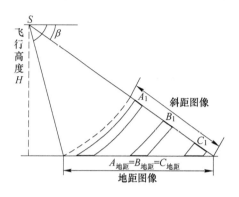

图 1-29　斜距图像近距离压缩

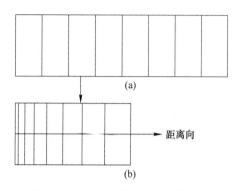

图 1-30　斜距投影引起的图像变形
（a）地面上图形；（b）斜距投影图形

为了得到在距离向无几何失真的图像，就要采取地距显示的形式，通常在雷达显示器的扫描电路中，加延时电路补偿，或在光学处理器中加几何校正，或采用数字信号处理的方式以得到地距显示的图像。

B　前方压缩和顶底倒置

雷达波束入射角与地面坡度的不同组合，使其出现程度不同的前方压缩（又称透视收缩）现象，即雷达图像上的地面斜坡被明显缩短的现象。如图 1-31 所示，设雷达波束到山坡顶部、中部和底部的斜距分别为 R_t、R_m、R_b，从图 1-31（a）中可见，雷达波束先到达坡底，最后才到达坡顶，于是坡底先成像坡顶后成像，山坡在斜距显示的图像上显示其长度为 ΔR，很明显 $\Delta R < L$。而图 1-31（b）中由于 $R_t = R_m = R_b$，坡底、坡腰和坡顶的信号同时被接收，图像上成了一个点，更无所谓坡长。图 1-31（c）中由于坡度大，雷达波束先到坡顶，然后到山腰，最后到坡底，故 $R_b > R_m > R_t$，这时图像所显示的坡长为 ΔR，同样是 $\Delta R < L$。图 1-31（a）中的图像形变称为透视收缩；图 1-31（c）中的形变称为顶底倒置（又称叠掩），与航空摄影正好相反。

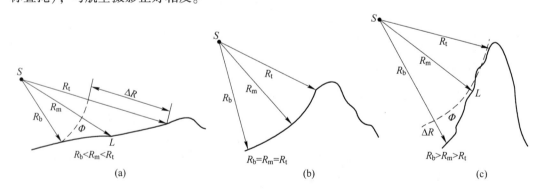

图 1-31　斜坡成像
（a）雷达透视收缩；（b）斜坡成像为一点；（c）雷达叠掩

C 雷达阴影

雷达波束在山区除了会造成透视收缩和叠掩外，还会对坡后形成阴影，只要在山的坡后雷达波束不能到达，因而也就不可能有回波信号，在图像上的相应位置出现暗区，没有信息。雷达阴影的形成与俯角和坡度有关。

图 1-32 说明了产生阴影的条件。当背坡坡度小于俯角（即 $\alpha<\beta$ 时），整个背坡都能接受波束不会产生阴影。当 $\alpha=\beta$ 时，波束正好擦过背坡，这时就要看背坡的粗糙度如何，如果是平滑表面，则不可能接收到雷达波束；如果有起伏，则有的地段可以产生回波，有的则产生阴影。当 $\alpha>\beta$ 时，即背坡坡度比较大时，必然出现阴影。

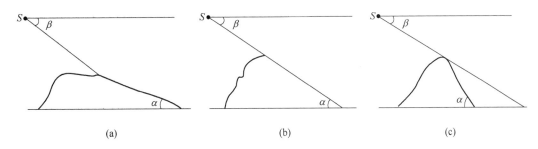

图 1-32　背坡角对雷达图像的影响

（a）$\alpha<\beta$ 无阴影；（b）$\alpha=\beta$ 波束擦掠后坡；（c）$\alpha>\beta$ 产生阴影

雷达阴影的大小与 β 角有关，在背坡坡度一定的情况下，β 角越小，阴影区越大。这也表明了一个趋势，即远距离地物产生阴影的可能性大，与产生叠掩的情况正好相反。

雷达图像叠掩现象和雷达图像阴影分别如图 1-33 和图 1-34 所示。

图 1-33　雷达图像叠掩现象

扫码查看图片

D 虚假现象

雷达图像的形成过程中，地物的反射和散射或者多路径散射可能会导致虚假的目标。在强反射体如金属塔附近若有光滑表面（如路面、水面等），就可能形成角反射器，如图 1-35 所示。除金属塔角反射引起多重回波外，雷达波束还会被附近光滑表面反射到金属塔，然后又被反射出去，这样就可能出现另外多重回波信号。当图像分辨率比较高时，一个塔在图像上可能变成几个塔。

图 1-34　雷达图像阴影

扫码查看图片

另外如图 1-36 所示，若天线的方向图中旁瓣照射到反射目标（如桥梁上），而主波束却照射到无回波的水面上，这时在真实目标的附近可能出现微弱的虚假目标。虽然这种情况是极个别的，但也须引起注意，如图 1-37(a)和(b)所示，出现虚假的油库和桥梁。

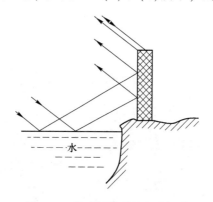

图 1-35　角反射器引起多重回波

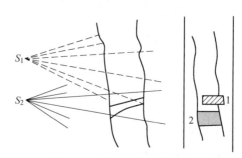

图 1-36　雷达图像虚假目标

1—前旁瓣形成的虚假目标；2—主波束形成的实际目标图像

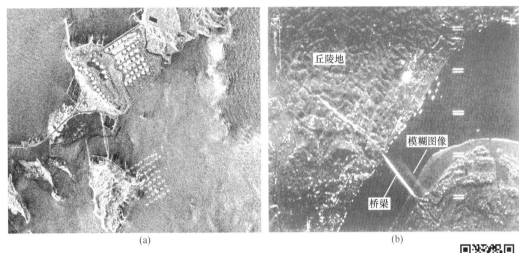

图 1-37 虚假现象

(a) 出现虚假油库；(b) 出现虚假桥梁

扫码查看图片

E 漂移现象

一般合成孔径雷达对于运动目标，容易产生目标位置的漂移现象。如图 1-38(a) 和 (b) 所示，火车和船只都偏离了应有的位置。

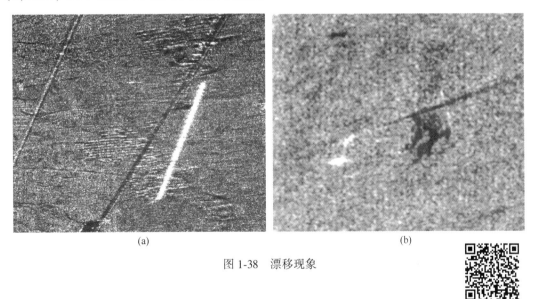

图 1-38 漂移现象

扫码查看图片

1.2 常用坐标系

航空图像测量的任务是根据图像上目标像点位置测量目标的地面几何特性值。为此，首先必须选择适当的坐标系来定量描述像点和地面点，然后才能从像方坐标量测值计算出目标地面真实的几何特性值。一般图像测量中常用的坐标系有以下三大类：

（1）用于描述像点的位置，统称为像方空间坐标系；

（2）用于描述相机平台姿态，统称为平台空间坐标系；

（3）用于描述地面点的位置，统称为物方空间坐标系。

1.2.1　像方空间坐标系

目前，像方坐标系常用的主要有像平面坐标系、像空间坐标系和像空间辅助坐标系三种。以下对这三种坐标系进行详细描述。

1.2.1.1　像平面坐标系

像平面坐标系用于表示像点在像平面上位置，通常采用右手坐标系。x_P、y_P 轴选择按需要而定，一般与航线方向相近方向为 x_P 轴。为表述方便，像平面坐标系记为坐标系 $P(O\text{-}x_Py_P)$。若存在框标，可根据框标来确定像平面坐标系，称像片框标坐标系。如图 1-39(a) 所示，以像片上对边框标连线作为 x_P、y_P 轴，其交点 P 作为坐标原点。若框标位于像片四个角上，以对角框标连线角平分线来确定 x_P、y_P 轴，其交点为坐标原点，如图 1-39(b) 所示。

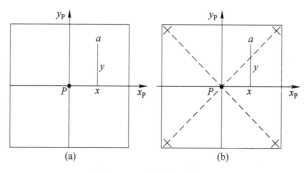

图 1-39　像框标坐标系

在图像测量过程中，像点的坐标应采用以像主点为原点的像平面坐标系中的坐标，原点一般安装在图像的中心点位置。如果像主点与图像中心点不重合时，须将图像坐标系中坐标平移至以像主点为原点的坐标系。

因此，需要测量出像主点距图像中心点的偏离程度 x_0 和 y_0。这时量测出的像点坐标 x_P 和 y_P 需要转换到以像主点为原点的像平面坐标系中的坐标为 $(x_P-x_0,\ y_P-y_0)$，如图 1-40 所示。为以示区别，以图像中心为原点的坐标系统称为简化像平面坐标系，以像主点为原点的坐标系统称为实际像平面坐标系。

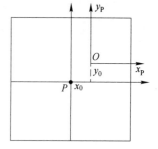

图 1-40　像主点为原点
的像平面坐标系

1.2.1.2　像空间坐标系

为了便于空间坐标变换，需要建立起描述像点在像空间位置的坐标系，即像空间坐标系。以镜头中心 S 为坐标原点，x_I、y_I 轴与像平面坐标系的 x_P、y_P 轴平行，z_I 轴与主光轴重合，形成像空间右手直角坐

标系 $S\text{-}x_Iy_Iz_I$，如图 1-41 所示。

在这个坐标系中，每个像点 z_I 坐标都等于 $-f$，而 $(x_I，y_I)$ 坐标也就是像点的像平面坐标 $(x_P，y_P)$。因此，任何一个像点的像空间坐标表示为 $(x_I，y_I，-f)$。

像空间坐标系是随着像片的空间位置而定，所以每张像片的像空间坐标系是各自独立的。像空间坐标系有时也被称为相机坐标系，标记为坐标系 $I(S\text{-}x_Iy_Iz_I)$。

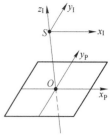

图 1-41　相机坐标系

1.2.1.3　像空间辅助坐标系

像点的像空间坐标可直接以像平面坐标求得，但这种坐标的特点是每张像片的像空间坐标系不统一，这给计算带来困难。为此，需要建立一种相对统一的坐标系，称为像空间辅助坐标系，用 $S\text{-}xyz$ 表示。

像空间辅助坐标系的原点仍选择在摄影中心 S，坐标轴系的选择视需要而定，通常有以下三种形式：

（1）取铅垂方向为 z 轴，航向为 x 轴，构成右手直角坐标系，如图 1-42(a) 所示；

（2）以每条航线内第一张像片的像空间坐标系作为像空间辅助坐标系，如图 1-42(b) 所示；

（3）以每个像片对的左片摄影中心为坐标原点，摄影基线方向为 X 轴，以摄影基线及左片主光轴构成的面作为 xz 平面，构成右手直角坐标系，如图 1-42(c) 所示。

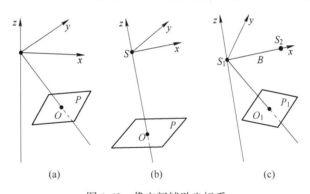

(a)　　　　　　　　　　(b)　　　　　　　　　　(c)

图 1-42　像空间辅助坐标系

1.2.2　平台空间坐标系

航空相机一般首先安装在基座上，基座再安装在载机上。平台空间坐标系主要用于描述相机平台姿态，主要有五种坐标系。

1.2.2.1　基座坐标系

基座坐标系标记为坐标系 $B(S\text{-}X_BY_BZ_B)$，其原点接近载机的质心，X_B 轴接近于载机纵轴指向前，Y_B 轴接近于载机横轴指向左，Z_B 轴接近于载机竖轴。坐标系 B 构成右手坐标系。

若相机与基座之间无减振或自稳定控制时，一般可以认为像空间坐标系 $I(S\text{-}x_Iy_Iz_I)$ 与基座坐标系 $B(S\text{-}X_BY_BZ_B)$ 重合在一起。

1.2.2.2　载机坐标系

载机坐标系标记为坐标系 C(S-$X_C Y_C Z_C$)，其原点在载机质心，X_C 轴平行于载机纵轴指向前，Y_C 轴平行于载机横轴指向左，Z_C 轴平行于载机竖轴指向上。坐标系 C 构成右手坐标系。

1.2.2.3　机平坐标系

机平坐标系标记为坐标系 F(S-$X_F Y_F Z_F$)，其原点在载机的质心。X_F 轴沿飞机纵轴的水平投影线，且指向飞行方向；Z_F 轴沿当地垂线指向天顶，且坐标系 F 构成右手直角坐标系。不难看出，载机坐标系 C 与机平坐标系 F 存在 X 轴和 Y 轴的转动关系。

1.2.2.4　计平坐标系

计平坐标系标记为坐标系 T(S-$X_T Y_T Z_T$)，其原点在载机的质心。X_T 轴指向计划航线方向，Z_F 轴沿当地垂线指向天顶。坐标系 T 构成右手直角坐标系。

1.2.2.5　机北坐标系

为确定飞机在地球表面附近运动时的航向和姿态，需要采用机北坐标系作为参考坐标系。机北坐标系标记为坐标系 G(S-$X_G Y_G Z_G$)，其原点定义在载机的质心。X_G 轴在载机所处位置的当地水平面内，指向正北；Y_G 轴在载机所处位置的当地水平面内，指向正西；Z_G 轴平行于当地地理垂线，指向天顶。

不难看出，机北坐标系与机平坐标系只在水平面上相差一个真航向角。

1.2.3　物方空间坐标系

物方空间坐标系用于描述图像中像点对应地面点的位置。不同的参考书中定义了不同的坐标系，例如，摄影测量领域常定义有摄影测量坐标系、地面测量坐标系、地面摄影测量坐标系等。为了后续计算与表述方便，本节主要定义六种坐标系统。

1.2.3.1　地北坐标系

地北坐标系标记为坐标系 N(O-$X_N Y_N Z_N$)，地北坐标系的原点定义在载机正下方的地表面。X_N 轴在载机所处位置的当地水平面内，指向正北；Y_N 轴在载机所处位置的当地水平面内，指向正西；Z_N 轴平行于当地地理垂线，指向天顶。

不难看出，地北坐标系与机北坐标系只在垂直方向相差一个航高。

1.2.3.2　参北坐标系

参北坐标系标记为坐标系 R(O-$X_R Y_R Z_R$)，参北坐标系的原点位于机下点附近的地表面。X_R 轴指向正北，Y_R 轴指向正西，Z_R 轴平行于当地地理垂线，指向天顶。坐标系 R 构成右手坐标系。不难看出，参北坐标系与地北坐标系只在水平面内具有平移关系。

1.2.3.3　计划坐标系

计划坐标系标记为坐标系 A(O-$X_L Y_L Z_L$)，计划坐标系的原点在计划遥感区域内某点上，X_L 轴沿计划飞行方向，Z_L 轴沿当地垂线指天，且坐标系 A 构成右手直角坐标系。

1.2.3.4　大地直角坐标系

大地直角坐标系标记为坐标系 E(O-$X_E Y_E Z_E$)，大地直角坐标系原点在地心。X_E 指向

BIH 1984.0 的起始子午面和赤道的交点，即赤道面与起始子午面（起始子午面，通过英国的 Greenwich 天文台）的交点；Z_E 指向 BIH 1984.0 定义的协议地球极方向，即北极方向。X_E、Y_E、Z_E 构成右手定则。

1.2.3.5 大地坐标系

大地坐标系属于地心地固坐标系，以地球椭球面作为基准面，以首子午面和赤道平面作为参考面，用经度和纬度两个坐标值来表示地面点的球面位置。一般原点在地球质心，Z 轴指向国际时间局 BIH 定义的协定地球极 CTP 方向，X 轴指向 BIH 零度子午面和 CTP 赤道的交点。Y 轴和 Z、X 轴构成右手坐标系。

地面点 P 的大地经度（L）为通过点 P 的子午面与首子午面之间的夹角，由首子午面起算，向东 0°~180° 为东经，向西 0°~180° 为西经；P 点的大地纬度（B）为通过点 P 的椭球面法线与赤道平面的交角，由赤道面起算，向北为北纬，向南 0°~90° 为南纬。

大地经纬度 L、B 是地面点在地球椭球面上的二维坐标。另外一维为点的大地高（H），是沿地面点的椭球面法线计算，点位在椭球面之上为正，在椭球面之下为负。大地直角坐标系与大地坐标系之间的关系如图 1-43 所示。

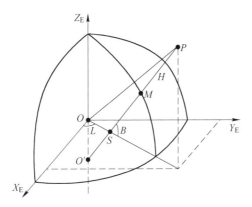

图 1-43　大地直角坐标系与大地坐标系之间的关系图

根据不同的用途与适用范围，目前各个国家或区域定义了许多大地坐标系。最常用的大地坐标系有 WGS-84、PZ-90、GTRF、CGCS2000 这四种。

（1）WGS-84 全称为 World Geodical Systan-84（世界大地坐标系-84），是目前应用最广泛的大地坐标系，由美国国防部制图局为全球定位系统 GPS 建立的地心地固坐标系，1987 年 1 月 10 日开始启用。

（2）PZ-90 前身是苏联为 GLONASS 研制的 1985 地心地固坐标系（1985 Soviet Geodetic System，SGS-85）。1993 年后改用 PZ-90（Parameters of the Earth），PZ-90 也称为 PE-90。

（3）GTRF 是欧盟根据 2005 年版国际地球参考框架（ITRS）为 Galileo 研制的地心地固坐标系。

（4）CGCS2000 是由我国 GPS 连续运行基准站、空间大地控制网及天文大地网与空间大地网联合平差建立的地心大地坐标系统，是我国北斗所采用的坐标系。以 ITRF97 参考框架为基准，2008 年 7 月 1 日正式使用。

几种常用的地心坐标系的地球椭球参数见表 1-1。

表 1-1　几种常用的地心坐标系的地球椭球参数

大地坐标系	长半轴 a/m	扁率 $f=\dfrac{a-b}{a}$	地心引力常数 $GM(\times10^9)/m^3 \cdot s^{-2}$	自转角速度 $\omega_E(\times10^{-11})/rad \cdot s^{-1}$
WGS-84	6378137.0	$\dfrac{1}{298.257223565}$	398600.5	7292115
PZ-90	6378136.00	$\dfrac{1}{298.257}$	398600.44	7292115
GTRF	6378136.55	$\dfrac{1}{298.25769}$	398600.4415	7292115
CGCS2000	6378137.00	$\dfrac{1}{298.257222101}$	398600.4418	7292115

1.2.3.6　近似大地坐标系

近似大地坐标系记为坐标系 A($O\text{-}LBR$)，其将地球看成标准球体，如图 1-44 所示。椭球面上点 P 的大地经度 L，为 P 点所在子午面与首子午面的夹角。连接 $\overline{OP}$，则 $\overline{OP}$ 与赤道面的夹角为地心纬度 B，而 $\overline{OP}=R$。球体的半径为地球的平均半径，$R=6377830m$。坐标系之间的关系如图 1-45 所示。

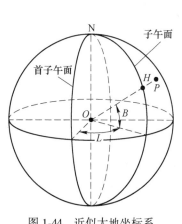

图 1-44　近似大地坐标系

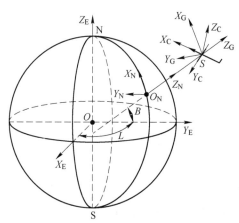

图 1-45　各种坐标系之间的关系

1.3　影像的内外方位元素

用图像测量方法研究被摄物体的几何信息时，必须建立该物体与影像之间的数学关系。为此，首先要确定航空遥感瞬间摄影中心与像片在地面设定的空间坐标系中的位置与姿态，描述这些位置和姿态的参数称为像片的方位元素。其中，表示摄影中心与像片之间相关位置的参数称为内方位元素，表示摄影中心和像片在地面坐标系中的位置和姿态的参数称为外方位元素。

1.3.1　内方位元素

内方位元素是描述摄影中心与像片之间相关位置的参数，包括三个参数，即摄影中心

S 到影像的垂距（主距）f，以及像主点 O 在简化像平面坐标系中的坐标 x_0 和 y_0，如图 1-46 所示。

内方位元素值一般视为已知，它由制造厂家通过鉴定设备检验得到，检验的数据写在相机说明书上。在制造相机时，一般应将像主点置于图像中心点上，但安装中有误差，所以内方位元素中的 x_0 和 y_0 是一个微小值。

内方位元素值的正确与否，直接影响图像测量的精度，因此需要对相机内方位元素作定期的鉴定。

1.3.2 外方位元素

外方位元素描述摄影光束在摄影瞬间的空间位置和姿态。对于画幅式图像的外方位元素包括六个参数，其中三个是直线元素（或简称线元素），用于描述摄影中心的空间坐标值；另外三个是角元素，用于表达像片面的空间姿态。

1.3.2.1 线元素

三个直线元素是反映摄影瞬间，摄影中心 S 在选定的地面空间坐标系中坐标值，一般采用 (X_S, Y_S, Z_S) 表示。例如，选用计划坐标系 A $(O\text{-}X_L Y_L Z_L)$，三个线元素如图 1-47 所示。

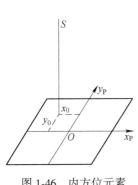

图 1-46　内方位元素

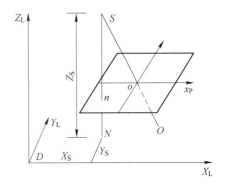

图 1-47　外方位直线元素

1.3.2.2 角元素

三个角元素用于表达像片面的空间姿态。姿态一般通过陀螺仪测量得到。而绕定点转动刚体在空间位置，一般可以通过绕几个相交轴的转角来确定。

安装在环架系统中的陀螺转子，只要知道其外环绕外环轴的转角、内环绕内环轴相对外环的转角以及转子绕自转轴相对内环的转角，那么转子在空间位置就被完全确定了，如图 1-48 所示。

为了确定绕定点转动刚体的位置，取固定点 O 为原点，取静坐标系 $O\text{-}XYZ$ 作为确定刚体空间里的参考；再取与刚体固连的动坐标系 $O\text{-}xyz$ 用以表示刚体的位置。这样，只要知道动坐标系 $O\text{-}xyz$ 在静坐标系 $O\text{-}XYZ$ 中的位置，刚体在空间的位置就可以确定。

动坐标系相对静坐标系的位置，可以通过三次独立转动得到的三个角来确定，这三个独立转角称为欧拉角。例如，设起始状态时动坐标系 $O\text{-}xyz$ 与静坐标系 $O\text{-}XYZ$ 重合，通过三次转动后，动坐标系处于 $O\text{-}xyz$ 位置，如图 1-49 所示。

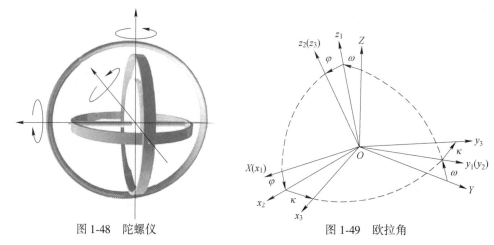

图 1-48　陀螺仪　　　　　　　　　　　　图 1-49　欧拉角

其中，第一次转动是绕 X 轴正向转过 ω 后到达 $O\text{-}x_1y_1z_1$ 位置；第二次转动是绕 y_1 轴正向转过 φ 后到达 $O\text{-}x_2y_2z_2$ 位置，第三次转动是绕 z_2 轴正向转过 κ 后到达 $O\text{-}x_3y_3z_3$ 位置，即 $O\text{-}xyz$ 位置。由此可见，确定了 φ、ω、κ 这一组欧拉角，刚体在空间位置即可完全确定。

因此，外方位三个角元素可看作是相机光轴从起始的铅垂方向绕空间坐标轴按某种次序连续三次旋转形成的。先绕第一轴旋转一个角度，其余两轴的空间方位随之变化；再绕变动后的第二轴旋转一个角度，两次旋转的结果达到恢复相机主光轴的空间方位，最后绕经过两次变动后的第三轴（即主光轴）旋转一个角度，亦即像片在其自身平面内绕像主点旋转一个角度。

所谓第一轴，是绕它旋转第一个角度的轴（也称为主轴），它的空间方位是不变的。第二轴也称为副轴，当绕主轴旋转时，其空间方位也发生变化。根据不同仪器的设计需要，角元素有如下三种表达形式。

（1）以 Y 轴为主轴的 $\varphi\text{-}\omega\text{-}\kappa$ 系统。以摄影中心 S 为原点，建立计平坐标系 $S\text{-}XYZ$，与计划坐标系（标记为坐标系 $D\text{-}X_\mathrm{L}Y_\mathrm{L}Z_\mathrm{L}$）轴系相互平行，如图 1-50（a）所示。坐标旋转为 $Y{\rightarrow}X{\rightarrow}Z$ 的顺序，依次转动 φ、ω 和 κ。其中，φ 表示航向倾角，是指主光轴 So 在 XZ 平面的投影与 Z 轴的夹角；ω 表示旁向倾角，是指主光轴 So 与其在 XZ 平面上的投影之间的夹角；κ 表示像片旋角，是指 YSo 平面在像片上的交线与像平面坐标系的 y 轴之间的夹角。X 轴为航向，所以习惯称 φ 为俯仰角、ω 为翻滚角、κ 为偏航角。

转角的正负号，国际上规定绕轴逆时针方向旋转（从旋转轴正向的一端面对着坐标原点看）为正，反之为负。我国习惯上规定 φ 顺时针方向旋转为正，ω、κ 以逆时针方向为正，即上仰、右侧滚、左偏航为正。

（2）以 X 轴为主轴的 $\omega'\text{-}\varphi'\text{-}\kappa'$ 系统。以 X 轴为主轴的旋转方式如图 1-50(b) 所示，坐标旋转为 $X{\rightarrow}Y{\rightarrow}Z$ 的顺序，依次转动 ω'、φ' 和 κ'。其中，ω' 表示旁向倾角，是指主光轴 So 在 YZ 平面上的投影与 Z 轴的夹角；φ' 表示航向倾角，是指主光轴 So 与其在 YZ 平面的投影之间的夹角；κ' 表示像片旋角，是指像片面上 x 轴与 XSo 平面在像片面上的交线之间的夹角。

转角 φ'、ω'、κ' 的正负号定义与 φ、ω、κ 相似，ω'、κ' 以逆时针方向为正，α' 顺时针方向旋转为正。

（3）以 Z 轴为主轴的 A-α-κ_ν 系统。以 Z 轴为主轴的旋转方式如图 1-50（c）所示，坐标旋转为 Z→X→Y 的顺序，依次转动 A、α 和 κ_ν。其中，A 表示像片主垂面方向角，亦即摄影方向线与 Y_L 轴之间的夹角；α 表示像片倾角，是指主光轴 So 与铅垂线 SN 之间的夹角；κ_ν 表示像片旋角，是指像片上主纵线与像片 y 轴之间的夹角。

主垂面的方向角 A 可理解为绕主轴 Z 顺时针方向旋转得到的；像片倾角 α 是绕副轴［旋转 A 后的 X 轴，图 1-50（c）中未表示］逆时针方向旋转得到的，而 κ_ν 是像片经过 A、α 旋转后的主光轴 SN 逆时针方向旋转得到的。图 1-50（c）中表示的角度均为正角，也就是说，α、κ_ν 都以逆时针方向为正，A 顺时针方向旋转为正。

综上所述，当求得像片的内外方位元素后，就能恢复出摄影光束的空间位置，重建被摄物体的立体模型，用以获取地面地物目标的几何信息。

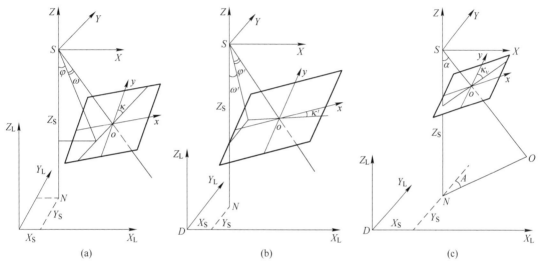

图 1-50　角元素的三种表达形式

（a）φ-ω-κ 系统；（b）ω'-φ'-κ' 系统；（c）A-α-κ_ν 系统

对于非画幅式成像方式，其外方位元素除了 3 个线元素和 3 个角元素外，还包括这个元素的一阶导，共计 12 个元素。

1.4　空间直角坐标变换

为了利用像点坐标计算相应的地面目标几何特性，首先需要建立像点在不同直角坐标系之间的坐标转换关系。

由于角元素有三种不同的选取方法，空间直角坐标转换也有三种。下面以 α-ω-κ 系统为主进行推导，在后续章节中，均以 α-ω-κ 系统为例。

1.4.1　φ-ω-κ 系统

（1）当坐标系 S-XYZ 绕 Y 旋转 φ 后得到 S-X_φY_φZ_φ 时，由于像点 a 位置不变，则像点 a 在两种坐标系中的坐标变换如图 1-51（a）所示。

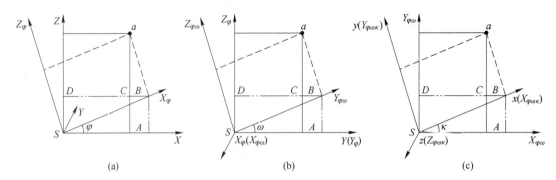

图 1-51　φ-ω-κ 系统

（a）旋转 φ；（b）旋转 ω；（c）旋转 κ

由于图中 Y 坐标不变，则 $(X_\alpha,\ Y_\alpha,\ Z_\alpha)$ 与 $(X,\ Y,\ Z)$ 之间转换的表达式为：

$$\begin{cases} X = X_\varphi \cos\varphi - Z_\varphi \sin\varphi \\ Y = Y_\varphi \\ Z = X_\varphi \sin\varphi + Z_\varphi \cos\varphi \end{cases},\quad \begin{cases} X_\varphi = X\cos\varphi + Z\sin\varphi \\ Y_\varphi = Y \\ Z_\varphi = -X\sin\varphi + Z\cos\varphi \end{cases}$$

写成矩阵形式为：

$$\begin{bmatrix} X \\ Y \\ Z \end{bmatrix} = \begin{bmatrix} \cos\varphi & 0 & -\sin\varphi \\ 0 & 1 & 0 \\ \sin\varphi & 0 & \cos\varphi \end{bmatrix} \begin{bmatrix} X_\varphi \\ Y_\varphi \\ Z_\varphi \end{bmatrix} = \boldsymbol{R}_\varphi \begin{bmatrix} X_\varphi \\ Y_\varphi \\ Z_\varphi \end{bmatrix} \tag{1-6}$$

$$\begin{bmatrix} X_\varphi \\ Y_\varphi \\ Z_\varphi \end{bmatrix} = \begin{bmatrix} \cos\varphi & 0 & \sin\varphi \\ 0 & 1 & 0 \\ -\sin\varphi & 0 & \cos\varphi \end{bmatrix} \begin{bmatrix} X \\ Y \\ Z \end{bmatrix} = \boldsymbol{T}_\varphi \begin{bmatrix} X \\ Y \\ Z \end{bmatrix} \tag{1-7}$$

（2）坐标系 $S\text{-}X_\varphi Y_\varphi Z_\varphi$ 绕 X_φ 旋转 ω 后，得到坐标系 $S\text{-}X_{\varphi\omega} Y_{\varphi\omega} Z_{\varphi\omega}$，此时像点在两种坐标系中的坐标关系如图 1-51(b) 所示。

由于图 1-51(b) 中 X_φ 坐标不变，则 $(X_{\varphi\omega},\ Y_{\varphi\omega},\ Z_{\varphi\omega})$ 与 $(X_\varphi,\ Y_\varphi,\ Z_\varphi)$ 之间转换的表达式为：

$$\begin{cases} X_\varphi = X_{\varphi\omega} \\ Y_\varphi = Y_{\varphi\omega} \cos\omega - Z_{\varphi\omega} \sin\omega \\ Z_\varphi = Y_{\varphi\omega} \sin\omega + Z_{\varphi\omega} \cos\omega \end{cases},\quad \begin{cases} X_{\varphi\omega} = X_\varphi \\ Y_{\varphi\omega} = Y_\varphi \cos\omega + Z_\varphi \sin\omega \\ Z_{\varphi\omega} = -Y_\varphi \sin\omega + Z_\varphi \cos\omega \end{cases}$$

写成矩阵形式为：

$$\begin{bmatrix} X_\varphi \\ Y_\varphi \\ Z_\varphi \end{bmatrix} = \begin{bmatrix} 1 & 0 & 0 \\ 0 & \cos\omega & -\sin\omega \\ 0 & \sin\omega & \cos\omega \end{bmatrix} \begin{bmatrix} X_{\varphi\omega} \\ Y_{\varphi\omega} \\ Z_{\varphi\omega} \end{bmatrix} = \boldsymbol{R}_\omega \begin{bmatrix} X_{\varphi\omega} \\ Y_{\varphi\omega} \\ Z_{\varphi\omega} \end{bmatrix} \tag{1-8}$$

$$\begin{bmatrix} X_{\varphi\omega} \\ Y_{\varphi\omega} \\ Z_{\varphi\omega} \end{bmatrix} = \begin{bmatrix} 1 & 0 & 0 \\ 0 & \cos\omega & \sin\omega \\ 0 & -\sin\omega & \cos\omega \end{bmatrix} \begin{bmatrix} X_\varphi \\ Y_\varphi \\ Z_\varphi \end{bmatrix} = \boldsymbol{T}_\omega \begin{bmatrix} X_\varphi \\ Y_\varphi \\ Z_\varphi \end{bmatrix} \tag{1-9}$$

（3）坐标系 $S\text{-}X_{\varphi\omega}Y_{\varphi\omega}Z_{\varphi\omega}$ 绕 $Z_{\varphi\omega}$ 轴旋转后，得到坐标系 $S\text{-}X_{\varphi\omega\kappa}Y_{\varphi\omega\kappa}Z_{\varphi\omega\kappa}$（即 $S\text{-}xyz$ 坐标系），此时像点 a 在两种坐标系中的坐标关系如图 1-51（c）所示。

由于图中 $Z_{\varphi\omega}$（即 z 坐标）不变，则 $(x,\ y,\ z)$ 到 $(X_{\varphi\omega},\ Y_{\varphi\omega},\ Z_{\varphi\omega})$ 之间转换的表达式为：

$$\begin{cases} X_{\varphi\omega} = x\cos\kappa - y\sin\kappa \\ Y_{\varphi\omega} = x\sin\kappa + y\cos\kappa, \\ Z_{\varphi\omega} = z \end{cases} \begin{cases} x = X_{\varphi\omega}\cos\kappa + Y_{\varphi\omega}\sin\kappa \\ y = -X_{\varphi\omega}\sin\kappa + Y_{\varphi\omega}\cos\kappa \\ z = Z_{\varphi\omega} \end{cases}$$

写成矩阵形式为：

$$\begin{bmatrix} X_{\varphi\omega} \\ Y_{\varphi\omega} \\ Z_{\varphi\omega} \end{bmatrix} = \begin{bmatrix} \cos\kappa & -\sin\kappa & 0 \\ \sin\kappa & \cos\kappa & 0 \\ 0 & 0 & 1 \end{bmatrix} \begin{bmatrix} x \\ y \\ -f \end{bmatrix} = \boldsymbol{R}_\kappa \begin{bmatrix} x \\ y \\ -f \end{bmatrix} \tag{1-10}$$

$$\begin{bmatrix} x \\ y \\ -f \end{bmatrix} = \begin{bmatrix} \cos\kappa & -\sin\kappa & 0 \\ \sin\kappa & \cos\kappa & 0 \\ 0 & 0 & 1 \end{bmatrix} \begin{bmatrix} X_{\varphi\omega} \\ Y_{\varphi\omega} \\ Z_{\varphi\omega} \end{bmatrix} = \boldsymbol{T}_\kappa \begin{bmatrix} X_{\varphi\omega} \\ Y_{\varphi\omega} \\ Z_{\varphi\omega} \end{bmatrix} \tag{1-11}$$

将式（1-8）代入式（1-6），得：

$$\begin{bmatrix} X \\ Y \\ Z \end{bmatrix} = \boldsymbol{RR} \begin{bmatrix} X_{\varphi\omega} \\ Y_{\varphi\omega} \\ Z_{\varphi\omega} \end{bmatrix} = \boldsymbol{R}_{\alpha\omega} \begin{bmatrix} X_{\varphi\omega} \\ Y_{\varphi\omega} \\ Z_{\varphi\omega} \end{bmatrix}$$

$$= \begin{bmatrix} \cos\varphi & 0 & -\sin\varphi \\ 0 & 1 & 0 \\ \sin\varphi & 0 & \cos\varphi \end{bmatrix} \begin{bmatrix} 1 & 0 & 0 \\ 0 & \cos\omega & -\sin\omega \\ 0 & \sin\omega & \cos\omega \end{bmatrix} \begin{bmatrix} X_{\varphi\omega} \\ Y_{\varphi\omega} \\ Z_{\varphi\omega} \end{bmatrix}$$

即：

$$\begin{bmatrix} X \\ Y \\ Z \end{bmatrix} = \boldsymbol{R}_{\varphi\omega} \begin{bmatrix} X_{\varphi\omega} \\ Y_{\varphi\omega} \\ Z_{\varphi\omega} \end{bmatrix} = \begin{bmatrix} \cos\varphi & -\sin\varphi\sin\omega & -\sin\varphi\cos\omega \\ 0 & \cos\omega & -\sin\omega \\ \sin\varphi & \cos\varphi\sin\omega & \cos\varphi\cos\omega \end{bmatrix} \begin{bmatrix} X_{\varphi\omega} \\ Y_{\varphi\omega} \\ Z_{\varphi\omega} \end{bmatrix} \tag{1-12}$$

将式（1-10）代入式（1-12），得：

$$\begin{bmatrix} X \\ Y \\ Z \end{bmatrix} = \boldsymbol{R}_{\varphi\omega}\boldsymbol{R}_\kappa \begin{bmatrix} x \\ y \\ z \end{bmatrix} = \boldsymbol{RRR} \begin{bmatrix} x \\ y \\ z \end{bmatrix} = \begin{bmatrix} a_1 & a_2 & a_3 \\ b_1 & b_2 & b_3 \\ c_1 & c_2 & c_3 \end{bmatrix} \begin{bmatrix} x \\ y \\ z \end{bmatrix} = \boldsymbol{R}_{\varphi\omega\kappa} \begin{bmatrix} x \\ y \\ -f \end{bmatrix}$$

$$= \begin{bmatrix} \cos\varphi & -\sin\varphi\sin\omega & -\sin\varphi\cos\omega \\ 0 & \cos\omega & -\sin\omega \\ \sin\varphi & \cos\varphi\sin\omega & \cos\varphi\cos\omega \end{bmatrix} \begin{bmatrix} \cos\kappa & -\sin\kappa & 0 \\ \sin\kappa & \cos\kappa & 0 \\ 0 & 0 & 1 \end{bmatrix} \begin{bmatrix} x \\ y \\ -f \end{bmatrix} \tag{1-13}$$

即：

$$\begin{bmatrix} X \\ Y \\ Z \end{bmatrix} = \begin{bmatrix} a_1 & a_2 & a_3 \\ b_1 & b_2 & b_3 \\ c_1 & c_2 & c_3 \end{bmatrix} \begin{bmatrix} x \\ y \\ -f \end{bmatrix} \tag{1-14}$$

其中，

$$\begin{cases} a_1 = \cos\varphi\cos\kappa - \sin\varphi\sin\omega\sin\kappa \\ a_2 = -\cos\varphi\sin\kappa - \sin\varphi\sin\omega\cos\kappa \\ a_3 = -\sin\varphi\cos\omega \\ b_1 = \cos\omega\sin\kappa \\ b_2 = \cos\omega\cos\kappa \\ b_3 = -\sin\omega \\ c_1 = \sin\varphi\cos\kappa + \cos\varphi\sin\omega\sin\kappa \\ c_2 = -\sin\varphi\sin\kappa + \cos\varphi\sin\omega\cos\kappa \\ c_3 = \cos\varphi\cos\omega \end{cases} \tag{1-15}$$

若不考虑偏航角的情况下，可令 $\kappa = 0$。实质上只考虑俯仰角 φ、翻滚角 ω，正是式 (1-12) 所描述的情况。此时，坐标转换矩阵可简化为：

$$\begin{cases} a_1 = \cos\varphi \\ a_2 = -\sin\varphi\sin\omega \\ a_3 = -\sin\varphi\cos\omega \\ b_1 = 0 \\ b_2 = \cos\omega \\ b_3 = -\sin\omega \\ c_1 = \sin\varphi \\ c_2 = \cos\varphi\sin\omega \\ c_3 = \cos\varphi\cos\omega \end{cases} \tag{1-16}$$

1.4.2 $\omega'\text{-}\varphi'\text{-}\kappa'$ 系统

$\omega'\text{-}\varphi'\text{-}\kappa'$ 系统首先将坐标系 $S\text{-}XYZ$ 绕主轴旋转 ω'，变为坐标系 $S\text{-}X_{\omega'}Y_{\omega'}Z_{\omega'}$；然后绕旋转 ω' 后的副轴 Y'_ω 旋转 α'，得到坐标系 $S\text{-}X_{\omega'\varphi'}Y_{\omega'\varphi'}Z_{\omega'\varphi'}$，这时 $Z_{\omega'\varphi'}$ 与主光轴 So 重合；最后绕 $Z_{\omega'\varphi'}$ 即 Z 轴旋转 κ'，得到 $S\text{-}xyz$。

用上述类似的方法，可得到 $\boldsymbol{R}_{\varphi'}$、$\boldsymbol{R}_{\omega'}$ 和 $\boldsymbol{R}_{\kappa'}$ 三个矩阵，将这三个矩阵进行联乘，其关系式为：

$$\begin{bmatrix} X \\ Y \\ Z \end{bmatrix} = \begin{bmatrix} 1 & 0 & 0 \\ 0 & \cos\omega' & -\sin\omega' \\ 0 & \sin\omega' & \cos\omega' \end{bmatrix} \begin{bmatrix} \cos\varphi' & 0 & -\sin\varphi' \\ 0 & 1 & 0 \\ \sin\varphi' & 0 & \cos\varphi' \end{bmatrix} \begin{bmatrix} \cos\kappa' & -\sin\kappa' & 0 \\ \sin\kappa' & \cos\kappa' & 0 \\ 0 & 0 & 1 \end{bmatrix} \begin{bmatrix} x \\ y \\ -f \end{bmatrix}$$

即：

$$\begin{bmatrix} X \\ Y \\ Z \end{bmatrix} = \boldsymbol{R}_{\omega'}\boldsymbol{R}_{\varphi'}\boldsymbol{R}_{\kappa'} \begin{bmatrix} x \\ y \\ -f \end{bmatrix} = R \begin{bmatrix} x \\ y \\ -f \end{bmatrix} \quad \text{或} \quad \begin{bmatrix} X \\ Y \\ Z \end{bmatrix} = \begin{bmatrix} a_1 & a_2 & a_3 \\ b_1 & b_2 & b_3 \\ c_1 & c_2 & c_3 \end{bmatrix} \begin{bmatrix} x \\ y \\ -f \end{bmatrix} \tag{1-17}$$

式中，
$$
\begin{cases}
a_1 = \cos\varphi'\cos\kappa' \\
a_2 = -\sin\varphi'\sin\kappa' \\
a_3 = -\sin\varphi' \\
b_1 = \cos\omega'\sin\kappa' - \sin\omega'\sin\varphi'\cos\kappa' \\
b_2 = \cos\omega'\cos\kappa' + \sin\omega'\sin\varphi'\cos\kappa' \\
b_3 = -\sin\omega'\cos\varphi' \\
c_1 = \sin\varphi'\sin\kappa' + \cos\omega'\sin\varphi'\cos\kappa' \\
c_2 = \sin\varphi'\cos\kappa' - \cos\omega'\sin\varphi'\sin\kappa' \\
c_3 = \cos\omega'\cos\varphi'
\end{cases}
\tag{1-18}
$$

1.4.3 $A\text{-}\alpha\text{-}\kappa_\nu$ 系统

类似上述方法，可得到 $\boldsymbol{R}_A$、$\boldsymbol{R}_\alpha$ 和 $\boldsymbol{R}_{\kappa_\nu}$ 三个矩阵，将这三个矩阵进行连乘。但要注意角 A 的值以顺时针方向为正，可以得到类似的关系为：

$$
\begin{bmatrix} X \\ Y \\ Z \end{bmatrix} =
\begin{bmatrix} \cos A & \sin A & 0 \\ -\sin A & \cos A & 0 \\ 0 & 0 & 1 \end{bmatrix}
\begin{bmatrix} 1 & 0 & 0 \\ 0 & \cos\alpha & -\sin\alpha \\ 0 & \sin\alpha & \cos\alpha \end{bmatrix}
\begin{bmatrix} \cos\kappa_\nu & -\sin\kappa_\nu & 0 \\ \sin\kappa_\nu & \cos\kappa_\nu & 0 \\ 0 & 0 & 1 \end{bmatrix}
\begin{bmatrix} x \\ y \\ -f \end{bmatrix}
$$

即：

$$
\begin{bmatrix} X \\ Y \\ Z \end{bmatrix} = \boldsymbol{R}_A \boldsymbol{R}_\varphi \boldsymbol{R}_{\kappa_\nu}
\begin{bmatrix} x \\ y \\ -f \end{bmatrix} = \boldsymbol{R}
\begin{bmatrix} x \\ y \\ -f \end{bmatrix}
\quad \text{或} \quad
\begin{bmatrix} X \\ Y \\ Z \end{bmatrix} =
\begin{bmatrix} a_1 & a_2 & a_3 \\ b_1 & b_2 & b_3 \\ c_1 & c_2 & c_3 \end{bmatrix}
\begin{bmatrix} x \\ y \\ -f \end{bmatrix}
\tag{1-19}
$$

式中，
$$
\begin{cases}
a_1 = \cos A\cos\kappa_\nu + \sin A\cos\alpha\sin\kappa_\nu, \quad b_1 = -\sin A\cos\kappa_\nu + \cos A\cos\alpha\sin\kappa_\nu, \quad c_1 = \sin\alpha\sin\kappa_\nu \\
a_2 = -\cos A\sin\kappa_\nu + \sin A\cos\alpha\cos\kappa_\nu, \quad b_2 = \sin A\sin\kappa_\nu + \cos A\cos\alpha\cos\kappa_\nu, \quad c_2 = \sin\alpha\cos\kappa_\nu \\
a_3 = -\sin A\sin\alpha, \quad b_3 = -\cos A\sin\alpha, \quad c_3 = \cos\alpha
\end{cases}
$$

$$
\tag{1-20}
$$

1.4.4 旋转矩阵性质

在式(1-12)、式(1-17)和式(1-19)中都有一个 $\boldsymbol{R}$，$\boldsymbol{R}$ 称为旋转矩阵。但值得注意的是，对于同一张像片在同一坐标系中，当取不同旋角系统，最终坐标转换矩阵是相同的，即由不同旋角系统的角度计算的旋转矩阵式是唯一的。由于直角坐标变换是一种正交变换，所以旋转矩阵 $\boldsymbol{R}$ 是一个正交矩阵，所以有 $\boldsymbol{R}^{\mathrm{T}} = \boldsymbol{R}^{-1}$。坐标之间的反算式为：

$$
\begin{bmatrix} x \\ y \\ -f \end{bmatrix} = \boldsymbol{R}^{-1}
\begin{bmatrix} X \\ Y \\ Z \end{bmatrix} = \boldsymbol{R}^{\mathrm{T}}
\begin{bmatrix} X \\ Y \\ Z \end{bmatrix} = \boldsymbol{T}
\begin{bmatrix} X \\ Y \\ Z \end{bmatrix}
$$

即：

$$\begin{bmatrix} X \\ Y \\ Z \end{bmatrix} = \begin{bmatrix} a_1 & a_2 & a_3 \\ b_1 & b_2 & b_3 \\ c_1 & c_2 & c_3 \end{bmatrix} \begin{bmatrix} x \\ y \\ -f \end{bmatrix}, \quad \begin{bmatrix} x \\ y \\ -f \end{bmatrix} = \begin{bmatrix} a_1 & b_1 & c_1 \\ a_2 & b_2 & c_2 \\ a_3 & b_3 & c_3 \end{bmatrix} \begin{bmatrix} X \\ Y \\ Z \end{bmatrix} \qquad (1\text{-}21)$$

若已经求得旋转矩阵中 9 个元素值，可分别根据式（1-15）、式（1-18）和式（1-20）求出相应的角元素，即：

$$\begin{cases} \tan\varphi = -\dfrac{a_3}{c_3} \\ \sin\omega = -b_3, \\ \tan\kappa = \dfrac{b_1}{b_2} \end{cases} \begin{cases} \tan\omega' = -\dfrac{b_3}{c_3} \\ \sin\varphi' = -a_3, \\ \tan\kappa' = -\dfrac{a_2}{a_1} \end{cases} \begin{cases} \tan A = \dfrac{a_3}{b_3} \\ \cos\alpha = c_3 \\ \tan\kappa_\nu = \dfrac{c_1}{c_2} \end{cases} \qquad (1\text{-}22)$$

旋转矩阵 **R** 中 9 个元素只有 3 个是独立的，且不能在同一行或同一列，其他 6 个元素可以由这 3 个独立元素确定。因此，旋转矩阵 **R** 可以由 3 个角元素构成，也可以由 3 个独立元素构成。例如，φ-ω-κ 系统中，可以选 a_2、a_3、b_3（或 b_1、b_3、c_1）作为独立元素。

若选取 a_2、a_3、b_3 作为 3 个独立元素，则旋转矩阵 **R** 中其他 6 个元素可按式（1-23）求出，即：

$$\begin{cases} a_1 = \sqrt{1 - a_2^2 - a_3^2} \\ b_1 = \dfrac{-a_1 a_3 b_3 - a_2 c_3}{1 - a_3^2} \\ b_2 = \sqrt{1 - b_1^2 - b_3^2} \\ c_1 = a_2 b_3 - a_3 b_2 \\ c_2 = a_3 b_1 - a_1 b_3 \\ c_3 = \sqrt{1 - a_3^2 - b_3^2} \end{cases} \qquad (1\text{-}23)$$

若选取 b_1、b_3、c_1 作为 3 个独立元素，则旋转矩阵 **R** 可以表示为：

$$\boldsymbol{R} = \begin{bmatrix} \sqrt{1 - b_1^2 - c_1^2} & b_3 c_1 - b_1 c_3 & b_1 c_2 - b_2 c_1 \\ b_1 & \sqrt{1 - b_1^2 - b_3^2} & b_3 \\ c_1 & \dfrac{-b_1 b_2 c_1 - a_1 b_3}{1 - b_1^2} & \sqrt{1 - a_3^2 - b_3^2} \end{bmatrix} \qquad (1\text{-}24)$$

2 物方坐标转换

描述传感器的姿态，只能是相对另一个物体而言，这样后一个物体就构成了描述前一个物体运动状态的基准或参照系。参照系通常用直角坐标来代表，称为参考坐标系，简称参考系或坐标系。对一个物体相对另一个物体的运动，可以用两个与它们固连的坐标系之间的运动来描述。因此，在描述传感器的姿态，主要是平面坐标系 P、像空间坐标系 I、基座坐标系 B、载机坐标系 C、机平坐标系 F、机北坐标系 G、地北坐标系 N、参北坐标系 R 和大地坐标系 W 等之间转换。

2.1 像方空间坐标系与平台空间坐标系间转换

一般通过像空间坐标系中的影像目标坐标测量出目标地面坐标系下的几何特征，即需要求出像空间坐标系 I $(S\text{-}x_Iy_Iz_I)$ 中坐标值 $(x, y, -f)$ 到大地坐标系 W 中坐标值 (B, L, H)。

因此，这种计算过程，需要经过像空间坐标系 I→基座坐标系 B→载机坐标系 C→机平坐标系 F→机北坐标系 G 四个过程。

2.1.1 相机坐标系 I 向基座坐标系 B 的转换

航空遥感相机一般是按照一定姿态角安装在基座平台上，这种姿态角有的是特定需要安装的，或是镜头摆动造成的，而有的则是安装误差造成的，所以相机与基座之间存在三轴姿态角，称为 J_1，包括 φ_1、ω_1、κ_1 三个角。根据角度正负关系，一般 φ_1 前摆为正，κ_1 左摆为正，而 ω_1 规定为右摆为正。左右摆角度的正负规定如图 2-1 所示。

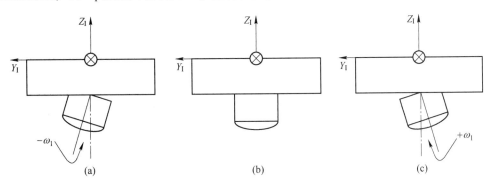

图 2-1 左右摆角度正负规定
（a）左倾情况；（b）垂直情况；（c）右倾情况

相机的左右侧摆，是通过转动 X 轴 ω_1 来完成的。在摄影测量中规定逆时针（从轴向原点看）转动 X 轴为正，即平台左倾（镜头右摆）为正。而相机侧摆角的正负规定与摄影测量的规定不同，规定镜头左摆为正（从 X 轴向原点看）。

在像空间坐标系（$O\text{-}x_1 y_1 z_1$）中，任意一个像点坐标为$(x，y，-f)$（见图 2-2），需要将其转换到基座坐标系（$O\text{-}X_B Y_B Z_B$）中坐标$(X_B，Y_B，Z_B)$。像空间坐标系与基座坐标系之间存在转动关系，如图 2-3 所示。

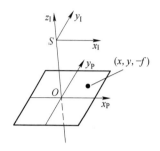
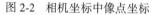

图 2-2 相机坐标中像点坐标

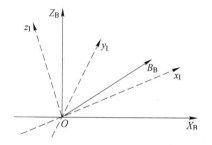

图 2-3 相机坐标系到基座坐标系转换

由于相机左右摆角正负号定义与一般航空摄影测量定义相反，将式(1-14)中φ、ω、κ 分别用φ_1、$-\omega_1$、κ_1 代入，即可完成相机坐标系到基座坐标系之间的转换：

$$
\begin{bmatrix} X_B \\ Y_B \\ Z_B \end{bmatrix} =
$$

$$
\begin{bmatrix}
\cos\varphi_1\cos\kappa_1 - \sin\varphi_1\sin(-\omega_1)\sin\kappa_1 & -\cos\varphi_1\sin\kappa_1 - \sin\varphi_1\sin(-\omega_1)\cos\kappa_1 & -\sin\varphi_1\cos(-\omega_1) \\
\cos(-\omega_1)\sin\kappa_1 & \cos(-\omega_1)\cos\kappa & -\sin(-\omega_1) \\
\sin\varphi_1\cos\kappa_1 + \cos\varphi_1\sin(-\omega_1)\sin\kappa_1 & -\sin\varphi_1\sin\kappa_1 + \cos\varphi_1\sin(-\omega_1)\cos\kappa_1 & \cos\varphi_1\cos(-\omega_1)
\end{bmatrix}
\begin{bmatrix} x_I \\ y_I \\ z_I \end{bmatrix}
$$

即：

$$
\begin{bmatrix} X_B \\ Y_B \\ Z_B \end{bmatrix} =
$$

$$
\begin{bmatrix}
\cos\varphi_1\cos\kappa_1 + \sin\varphi_1\sin\omega_1\sin\kappa_1 & -\cos\varphi_1\sin\kappa_1 + \sin\varphi_1\sin\omega_1\cos\kappa_1 & -\sin\varphi_1\cos\omega_1 \\
\cos\omega_1\sin\kappa_1 & \cos\omega_1\cos\kappa & \sin\omega_1 \\
\sin\varphi_1\cos\kappa_1 - \cos\varphi_1\sin\omega_1\sin\kappa_1 & -\sin\varphi_1\sin\kappa_1 - \cos\varphi_1\sin\omega_1\cos\kappa_1 & \cos\varphi_1\cos\omega_1
\end{bmatrix}
\begin{bmatrix} x_I \\ y_I \\ z_I \end{bmatrix}
$$

$$(2\text{-}1)$$

另

$$
\mathop{\boldsymbol{R}_1}_{B\leftarrow I} =
\begin{bmatrix}
\cos\varphi_1\cos\kappa_1 + \sin\varphi_1\sin\omega_1\sin\kappa_1 & -\cos\varphi_1\sin\kappa_1 + \sin\varphi_1\sin\omega_1\cos\kappa_1 & -\sin\varphi_1\cos\omega_1 \\
\cos\omega_1\sin\kappa_1 & \cos\omega_1\cos\kappa_1 & \sin\omega_1 \\
\sin\varphi_1\cos\kappa_1 - \cos\varphi_1\sin\omega_1\sin\kappa_1 & -\sin\varphi_1\sin\kappa_1 - \cos\varphi_1\sin\omega_1\cos\kappa_1 & \cos\varphi_1\cos\omega_1
\end{bmatrix}
$$

$$(2\text{-}2)$$

则式(2-1)可简记为：

$$\begin{bmatrix} X_B \\ Y_B \\ Z_B \end{bmatrix} = \underset{B \leftarrow I}{\boldsymbol{R}_1} \begin{bmatrix} x_I \\ y_I \\ -f \end{bmatrix} \tag{2-3}$$

相机安装误差一般较小，故可忽略。如不考虑安装误差影响，目前航空遥感相机安装或工作方式为侧摆时，才引起相机坐标与基座坐标存在转角关系。故可令 $\varphi_1 = 0$，$\kappa_1 = 0$，则：

$$\underset{B \leftarrow I}{\boldsymbol{R}_1} = \begin{bmatrix} 1 & 0 & 0 \\ 0 & \cos\omega_1 & \sin\omega_1 \\ 0 & -\sin\omega_1 & \cos\omega_1 \end{bmatrix} \tag{2-4}$$

2.1.2 基座坐标系 B 向载机坐标系 C 的转换

基座与载机之间有些安装有陀螺稳定平台或减振装置，则陀螺稳定平台或减振器会引起基座与相机之间三轴姿态角的变化，称为 J_2，包括 φ_2、ω_2、κ_2 三个角。φ_2 前摆为正，ω_2 左摆为正，κ_2 左摆为正。

因此，将式(1-14)中 φ、ω、κ 分别用 φ_2、ω_2、κ_2 代入，得：

$$\underset{C \leftarrow B}{\boldsymbol{R}_2} = \begin{bmatrix} \cos\varphi_2\cos\kappa_2 - \sin\varphi_2\sin\omega_2\sin\kappa_2 & -\cos\varphi_2\sin\kappa_2 - \sin\varphi_2\sin\omega_2\cos\kappa_2 & -\sin\varphi_2\cos\omega_2 \\ \cos\omega_2\sin\kappa_2 & \cos\omega_2\cos\kappa_2 & -\sin\omega_2 \\ \sin\varphi_2\cos\kappa_2 + \cos\varphi_2\sin\omega_2\sin\kappa_2 & -\sin\varphi_2\sin\kappa_2 + \cos\varphi_2\sin\omega_2\cos\kappa_2 & \cos\varphi_2\cos\omega_2 \end{bmatrix} \tag{2-5}$$

则式(2-5)可简记为：

$$\begin{bmatrix} X_C \\ Y_C \\ Z_C \end{bmatrix} = \underset{C \leftarrow B}{\boldsymbol{R}_2} \begin{bmatrix} X_B \\ Y_B \\ Z_B \end{bmatrix} \tag{2-6}$$

2.1.3 载机坐标系 C 向机平坐标系 F 的转换

载机在空中由于大气气流、发动机振动、规避机动等因素，载机不一定保持平飞的状态。因此，载机坐标与机平坐标之间存在一定转角关系，称为 J_3，包括 φ_3、ω_3 两个角。φ_3 上仰为正，ω_3 右侧滚为正。因此，将式(1-14)中 φ、ω、κ 分别用 φ_3、ω_3、0 代入，得：

$$\underset{F \leftarrow C}{\boldsymbol{R}_3} = \begin{bmatrix} \cos\varphi_3 & -\sin\varphi_3\sin\omega_3 & -\sin\varphi_3\cos\omega_3 \\ 0 & \cos\omega_3 & -\sin\omega_3 \\ \sin\varphi_3 & \cos\varphi_3\sin\omega_3 & \cos\varphi_3\cos\omega_3 \end{bmatrix} \tag{2-7}$$

则式(2-7)可简记为：

$$\begin{bmatrix} X_F \\ Y_F \\ Z_F \end{bmatrix} = \underset{F \leftarrow C}{\boldsymbol{R}_3} \begin{bmatrix} X_C \\ Y_C \\ Z_C \end{bmatrix} \tag{2-8}$$

2.1.4　机平坐标系 F 向机北坐标系 G 的转换

因为机平坐标系 F 与机北坐标系 G 只在水平面上相差一个航向，而这个航向在目前使用的相机记录参数中采用真航向来记录。真航向角是指飞机纵轴在水平面上投影与当地子午线（也称真子午线）的夹角，自正北顺时针方向记录。真航向角的正负规定与摄影测量的规定正好相反，如图 2-4 所示。

真航向 0°、90°、180°、270°分别是地理的正北、正东、正南、正西方向，分别用 N、E、S、W 表示。机平坐标系与机北坐标系的转角关系，称为 J_4，包括 κ_4 一个角，即真航向角。

因此，将式(1-14)中 φ、ω、κ 分别用 0、0、$-\kappa_4$ 代入，得：

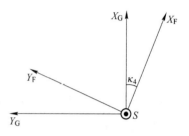

图 2-4　真航向角正负规定

$$\underset{G\leftarrow F}{\boldsymbol{R}_4} = \begin{bmatrix} \cos\kappa_4 & \sin\kappa_4 & 0 \\ -\sin\kappa_4 & \cos\kappa_4 & 0 \\ 0 & 0 & 1 \end{bmatrix} \qquad (2\text{-}9)$$

则式(2-9)可简记为：

$$\begin{bmatrix} X_G \\ Y_G \\ Z_G \end{bmatrix} = \underset{G\leftarrow F}{\boldsymbol{R}_4} \begin{bmatrix} X_F \\ Y_F \\ Z_F \end{bmatrix} \qquad (2\text{-}10)$$

2.1.5　坐标系综合转换

将相机坐标系 I→基座坐标系 B 转换式(2-3)、基座坐标系 B→载机坐标系 C 转换式(2-6)、载机坐标系 C→机平坐标系 F 转换式(2-8) 依次代入机平坐标系 F→机北坐标系 G 转换式(2-10)，得：

$$\begin{bmatrix} X_G \\ Y_G \\ Z_G \end{bmatrix} = \underset{G\leftarrow F}{\boldsymbol{R}_4} \; \underset{F\leftarrow C}{\boldsymbol{R}_3} \; \underset{C\leftarrow B}{\boldsymbol{R}_2} \; \underset{B\leftarrow I}{\boldsymbol{R}_1} \begin{bmatrix} x \\ y \\ -f \end{bmatrix} \qquad (2\text{-}11)$$

从式(2-11)可以看出，将由相机坐标系 I 的坐标值 $(x, y, -f)$ 直接转换成了机北坐标系 G 的坐标值 (X_G, Y_G, Z_G)。令

$$\underset{G\leftarrow I}{\boldsymbol{R}} = \underset{G\leftarrow F}{\boldsymbol{R}_4} \; \underset{F\leftarrow C}{\boldsymbol{R}_3} \; \underset{C\leftarrow B}{\boldsymbol{R}_2} \; \underset{B\leftarrow I}{\boldsymbol{R}_1} \qquad (2\text{-}12)$$

则：

$$\begin{bmatrix} X_G \\ Y_G \\ Z_G \end{bmatrix} = \underset{G\leftarrow I}{\boldsymbol{R}} \begin{bmatrix} x \\ y \\ -f \end{bmatrix} \qquad (2\text{-}13)$$

若不考虑基座与载机之间转角变化，则：

$$\underset{C\leftarrow B}{\boldsymbol{R}_2} = \boldsymbol{I}$$

R 可简化为：

$$\underset{G \leftarrow I}{R} = \underset{G \leftarrow F}{R_4} \ \underset{F \leftarrow C}{R_3} \ \underset{B \leftarrow I}{R_1} \tag{2-14}$$

其中，

$$R_3 R_1 = \begin{bmatrix} \cos\varphi_3 & -\sin\varphi_3\sin\omega_3 & -\sin\varphi_3\cos\omega_3 \\ 0 & \cos\omega_3 & -\sin\omega_3 \\ \sin\varphi_3 & \cos\varphi_3\sin\omega_3 & \cos\varphi_3\cos\omega_3 \end{bmatrix} \begin{bmatrix} 1 & 0 & 0 \\ 0 & \cos\omega_1 & \sin\omega_1 \\ 0 & -\sin\omega_1 & \cos\omega_1 \end{bmatrix}$$

$$= \begin{bmatrix} \cos\varphi_3 & -\cos\omega_1\sin\varphi_3\sin\omega_3 + \sin\omega_1\sin\varphi_3\cos\omega_3 & -\sin\omega_1\sin\varphi_3\sin\omega_3 - \cos\omega_1\sin\varphi_3\cos\omega_3 \\ 0 & \cos\omega_3\cos\omega_1 + \sin\omega_3\sin\omega_1 & \sin\omega_1\cos\omega_3 - \cos\omega_1\sin\omega_3 \\ \sin\varphi_3 & \cos\omega_1\cos\varphi_3\sin\omega_3 - \sin\omega_1\cos\varphi_3\cos\omega_3 & \sin\omega_1\cos\varphi_3\sin\omega_3 + \cos\omega_1\cos\varphi_3\cos\omega_3 \end{bmatrix}$$

$$= \begin{bmatrix} \cos\varphi_3 & (\sin\omega_1\cos\omega_3 - \cos\omega_1\sin\omega_3)\sin\varphi_3 & -(\cos\omega_1\cos\omega_3 + \sin\omega_1\sin\omega_3)\sin\varphi_3 \\ 0 & \cos\omega_1\cos\omega_3 + \sin\omega_1\sin\omega_3 & \sin\omega_1\cos\omega_3 - \cos\omega_1\sin\omega_3 \\ \sin\varphi_3 & -(\sin\omega_1\cos\omega_3 - \cos\omega_1\sin\omega_3)\cos\varphi_3 & (\cos\omega_1\cos\omega_3 + \sin\omega_1\sin\omega_3)\cos\varphi_3 \end{bmatrix}$$

$$= \begin{bmatrix} \cos\varphi_3 & \sin(\omega_1 - \omega_3)\sin\varphi_3 & -\cos(\omega_1 - \omega_3)\sin\varphi_3 \\ 0 & \cos(\omega_1 - \omega_3) & \sin(\omega_1 - \omega_3) \\ \sin\varphi_3 & -\sin(\omega_1 - \omega_3)\cos\varphi_3 & \cos(\omega_1 - \omega_3)\cos\varphi_3 \end{bmatrix}$$

即：

$$\underset{F \leftarrow C}{R_3} \ \underset{B \leftarrow I}{R_1} = \begin{bmatrix} \cos\varphi_3 & -\sin\varphi_3\sin(\omega_3 - \omega_1) & -\sin\varphi_3\cos(\omega_3 - \omega_1) \\ 0 & \cos(\omega_3 - \omega_1) & -\sin(\omega_3 - \omega_1) \\ \sin\varphi_3 & \cos\varphi_3\sin(\omega_3 - \omega_1) & \cos\varphi_3\cos(\omega_3 - \omega_1) \end{bmatrix} \tag{2-15}$$

则：

$$\underset{G \leftarrow I}{R} = \underset{G \leftarrow F}{R_4} \ \underset{F \leftarrow C}{R_3} \ \underset{B \leftarrow I}{R_1} = \begin{bmatrix} \cos\kappa_4 & \sin\kappa_4 & 0 \\ -\sin\kappa_4 & \cos\kappa_4 & 0 \\ 0 & 0 & 1 \end{bmatrix}$$

$$\begin{bmatrix} \cos\varphi_3 & -\sin\varphi_3\sin(\omega_3 - \omega_1) & -\sin\varphi_3\cos(\omega_3 - \omega_1) \\ 0 & \cos(\omega_3 - \omega_1) & -\sin(\omega_3 - \omega_1) \\ \sin\varphi_3 & \cos\varphi_3\sin(\omega_3 - \omega_1) & \cos\varphi_3\cos(\omega_3 - \omega_1) \end{bmatrix} = \begin{bmatrix} a_1 & a_2 & a_3 \\ b_1 & b_2 & b_3 \\ c_1 & c_2 & c_3 \end{bmatrix}$$

其中，

$$\begin{cases} a_1 = \cos\varphi_3\cos\kappa_4 \\ a_2 = -\sin\varphi_3\sin(\omega_3 - \omega_1)\cos\kappa_4 + \cos(\omega_3 - \omega_1)\sin\kappa_4 \\ a_3 = -\sin\varphi_3\cos(\omega_3 - \omega_1)\cos\kappa_4 - \sin(\omega_3 - \omega_1)\sin\kappa_4 \\ b_1 = -\cos\varphi_3\sin\kappa_4 \\ b_2 = \sin\varphi_3\sin(\omega_3 - \omega_1)\sin\kappa_4 + \cos(\omega_3 - \omega_1)\cos\kappa_4 \\ b_3 = \sin\varphi_3\cos(\omega_3 - \omega_1)\sin\kappa_4 - \sin(\omega_3 - \omega_1)\cos\kappa_4 \\ c_1 = \sin\varphi_3 \\ c_2 = \cos\varphi_3\sin(\omega_3 - \omega_1) \\ c_3 = \cos\varphi_3\cos(\omega_3 - \omega_1) \end{cases} \tag{2-16}$$

简化的坐标系综合转换主要由 ω_1、ω_3、φ_3 和 κ_4 决定，ω_1 为相机光轴相对基座的左右侧摆角，顺时针转动 X 轴，即镜头左摆为正（从 X 轴向原点看）；φ_3 为载机的俯仰角，顺时针转动 Y 轴，即上仰为正；ω_3 为载机侧滚角，逆时针转动 X 轴，即右侧滚为正；κ_4 为真航向，顺时针转动 Z 轴，即右转为正。

2.2 大地坐标系与大地直角坐标系间转换

在对图像中目标进行定位时，通常要求确定出目标的经纬度，因此需要完成大地坐标系与大地直角坐标系之间转换。从大地坐标系至大地直角坐标系的变换过程和它的逆变换过程，是一种非线性变换的。因此，根据大地坐标系 B、L、H 求解大地直角坐标系 X_E、Y_E、Z_E，称为正解；根据大地直角坐标系 X_E、Y_E、Z_E 求大地坐标系 B、L、H，称为反解。

2.2.1 大地坐标系向大地直角坐标系的转换

如图 2-5 中所示，将地球上 NPS 子午圈单独提取出来。假设 OP_2 方向与 X 轴方向相同，直线 TP 是过点 P 所做的子午圈的切线，它同 X 轴夹角是 $B+\dfrac{\pi}{2}$，则点 P 斜率为：

$$\frac{\mathrm{d}Z}{\mathrm{d}X} = \tan\left(\frac{\pi}{2} + B\right) = -\frac{\cos B}{\sin B} \tag{2-17}$$

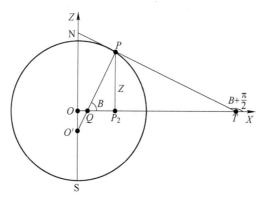

图 2-5 NPS 子午圈

斜率也可由子午圈方程式得出，即：

$$\frac{X^2}{a^2} + \frac{Z^2}{b^2} = 1$$

变化可得：

$$\frac{\mathrm{d}Z}{\mathrm{d}X} = -\frac{b^2 X}{a^2 Z} \tag{2-18}$$

由式（2-17）和式（2-18）可得：

$$\frac{\cos B}{\sin B} = \frac{b^2 X}{a^2 Z} \tag{2-19}$$

对式（2-19）平方，得：

$$a^4 Z^2 \cos^2 B = b^4 X^2 \sin^2 B \qquad (2\text{-}20)$$

由子午圈方程式可得：

$$b^2 X^2 + a^2 Z^2 = a^2 b^2 \qquad (2\text{-}21)$$

设 $\overline{PO'} = N$，则：

$$X = N \cos B \qquad (2\text{-}22)$$

将式(2-22)代入式(2-20)和式(2-21)，得：

$$\begin{cases} a^4 Z^2 \cos^2 B = b^4 N^2 \cos^2 B \sin^2 B \\ b^2 N^2 \cos^2 B + a^2 Z^2 = a^2 b^2 \end{cases} \qquad (2\text{-}23)$$

由式(2-23)的第二式，得：

$$Z^2 = \frac{a^2 b^2 - b^2 N^2 \cos^2 B}{a^2} \qquad (2\text{-}24)$$

将式(2-24)代入式(2-23)第一式，得：

$$N = \frac{a^2}{\sqrt{a^2 \cos^2 B + b^2 \sin^2 B}} \qquad (2\text{-}25)$$

式(2-25)可改写为：

$$N = \frac{a}{\sqrt{\cos^2 B + \dfrac{b^2}{a^2} \sin^2 B}} \qquad (2\text{-}26)$$

由于 $e = \dfrac{\sqrt{a^2 - b^2}}{a}$，则：

$$\frac{b^2}{a^2} = 1 - e^2 \qquad (2\text{-}27)$$

将式(2-27)代入式(2-26)，得：

$$N = \frac{a}{\sqrt{\cos^2 B + (1 - e^2) \sin^2 B}} = \frac{a}{\sqrt{1 - e^2 \sin^2 B}} \qquad (2\text{-}28)$$

式中，N 为卯酉圈曲率半径。

将式(2-28)代入式(2-23)第二式，得：

$$
\begin{aligned}
Z^2 &= \frac{a^2 b^2 - b^2 \dfrac{a^2}{1 - e^2 \sin^2 B} \cos^2 B}{a^2} = b^2 - \frac{b^2}{1 - e^2 \sin^2 B} \cos^2 B \\
&= \frac{b^2 - e^2 b^2 \sin^2 B - b^2 \cos^2 B}{1 - e^2 \sin^2 B} = \frac{b^2 (1 - e^2) \sin^2 B}{1 - e^2 \sin^2 B} \\
&= \frac{b^2}{1 - e^2 \sin^2 B}(1 - e^2) \sin^2 B = \frac{a^2}{1 - e^2 \sin^2 B} \frac{b^2}{a^2}(1 - e^2) \sin^2 B
\end{aligned}
$$

即：

$$Z^2 = \frac{a^2}{1 - e^2 \sin^2 B} \frac{b^2}{a^2}(1 - e^2) \sin^2 B \qquad (2\text{-}29)$$

将式(2-27)代入式(2-29)，得：

$$Z^2 = \frac{a^2}{1 - e^2 \sin^2 B}(1 - e^2)^2 \sin^2 B = N^2(1 - e^2)^2 \sin^2 B$$

可得 Z 值为：

$$Z = N(1 - e^2)\sin B \tag{2-30}$$

由式(2-30)可知：

$$\overline{PQ} = N(1 - e^2) \tag{2-31}$$

由于 $\overline{PO'} = N$，结合式(2-31)，可得：

$$\overline{QO'} = N - N(1 - e^2) = Ne^2 \tag{2-32}$$

结合式(2-31)和式(2-32)可知，椭球体表面任意一点的卯酉圈曲率半径 N 穿过赤道面，交于地轴于一点。卯酉圈曲率半径 N 在赤道上面部分长度为 $N(1 - e^2)$，在赤道下面部分为 Ne^2。大地直角坐标系 E 到大地坐标系转换示意图如图2-6所示。

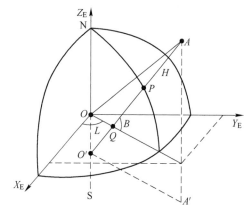

图2-6　坐标系转换

距离 $\overline{PA}$ 为高程 H，则 $(N + H)\cos B$ 为 $\overline{AO'}$ 在赤道面上的投影，所以

$$X_E = (N + H)\cos B \cos L$$

同理可得：

$$Y_E = (N + H)\cos B \sin L$$

由于距离 $\overline{PQ}$ 为 $N(1 - e^2)$，则：

$$Z_E = [N(1 - e^2) + H]\sin B$$

所以，由大地坐标系 (B, L, H) 向大地直角坐标系 (X_E, Y_E, Z_E) 转换公式为：

$$\begin{cases} X_E = (N + H)\cos B \cos L \\ Y_E = (N + H)\cos B \sin L \\ Z_E = [N(1 - e^2) + H]\sin B \end{cases} \tag{2-33}$$

2.2.2　大地直角坐标系向大地坐标系的转换

2.2.2.1　解法一

由图2-6可以看出：

$$L = \arctan \frac{Y_E}{X_E} \tag{2-34}$$

由于 $\overline{O'P}$ 为 N，$\overline{PQ}$ 为 $N(1-e^2)$，则 $\overline{O'Q}$ 为 Ne^2，$\overline{O'O} = Ne^2\sin B$，则：

$$\tan B = \frac{Z_E + Ne^2\sin B}{\sqrt{X_E^2 + Y_E^2}} \tag{2-35}$$

式(2-35)两端均含有待求量 B，因此需要用迭代解法。因右端第二项为小项，若将其略去，则可取迭代初值为：

$$\tan B_0 = \frac{Z_E}{\sqrt{X_E^2 + Y_E^2}} \tag{2-36}$$

用求得的 B_0，进而求 N_0 和 $\sin B_0$，再代入 B 计算式中计算新的值，反复迭代直到迭代差小于一定限值。然后按照最终的 B 值，计算大地高 H：

$$H = \frac{Z_E}{\sin B} - N(1-e^2) \quad \text{或} \quad H = \frac{\sqrt{X_E^2 + Y_E^2}}{\cos B} - N \tag{2-37}$$

2.2.2.2 解法二

对于 L 的计算仍然按照式(2-34)求解，另外由图 2-6 可知：

$$\begin{cases} \cos L = \frac{X_E}{(H+N)\cos B} = \frac{X_E}{\sqrt{X_E^2 + Y_E^2}} \\ \sin L = \frac{Y_E}{(H+N)\cos B} = \frac{Y_E}{\sqrt{X_E^2 + Y_E^2}} \\ H = \frac{\sqrt{X_E^2 + Y_E^2}}{\cos B} - N \end{cases} \tag{2-38}$$

由式(2-33)得：

$$\tan B = \frac{Z_E(N+H)\cos L}{X_E[N(1-e^2)+H]} \tag{2-39}$$

将式(2-38)第一式代入式(2-39)，得：

$$\begin{aligned} \tan B &= \frac{Z_E}{\sqrt{X_E^2 + Y_E^2}} \frac{X_E(N+H)}{X_E[N(1-e^2)+H]} \\ &= \frac{Z_E}{\sqrt{X_E^2 + Y_E^2}} \frac{N+H-Ne^2+Ne^2}{N+H-Ne^2} \\ &= \frac{Z_E}{\sqrt{X_E^2 + Y_E^2}}\left(1 + \frac{Ne^2}{N+H-Ne^2}\right) \\ &= \frac{Z_E}{\sqrt{X_E^2 + Y_E^2}}\left(1 + \frac{e^2}{1-e^2+\frac{H}{N}}\right) \end{aligned} \tag{2-40}$$

所以
$$B = \arctan\left[\frac{Z_E}{\sqrt{X_E^2 + Y_E^2}}\left(1 + \frac{e^2}{1 - e^2 + \dfrac{H}{N}}\right)\right] \quad (2\text{-}41)$$

然后利用式(2-34)、式(2-37)和式(2-41)进行迭代计算，初始值为：
$$\begin{cases} N_0 = a \\[2mm] H_0 = \sqrt{X_E^2 + Y_E^2 + Z_E^2} - \sqrt{ab} \\[2mm] B_0 = \arctan\left[\dfrac{Z_E}{\sqrt{X_E^2 + Y_E^2}}\left(1 + \dfrac{e^2}{1 - e^2 + \dfrac{H_0}{N_0}}\right)\right] \end{cases} \quad (2\text{-}42)$$

迭代公式为：
$$\begin{cases} N_i = \dfrac{a}{\sqrt{1 - e^2 \sin^2 B_{i-1}}} \\[3mm] H_i = \dfrac{\sqrt{X_E^2 + Y_E^2}}{\cos B_{i-1}} - N_{i-1} \\[3mm] B_i = \arctan\left[\dfrac{Z_E}{\sqrt{X_E^2 + Y_E^2}}\left(1 + \dfrac{e^2}{1 - e^2 + \dfrac{H_i}{N_i}}\right)\right] \end{cases} \quad (2\text{-}43)$$

直到
$$\begin{cases} H_i - H_{i-1} < \varepsilon_1 \\[2mm] B_i - B_{i-1} < \varepsilon_2 \end{cases} \quad (2\text{-}44)$$

式中，ε_1、ε_2 按要求的精度决定。

2.2.2.3　解法三

利用式(2-45)进行直接求解：
$$\begin{cases} B_i = \arctan\left(\dfrac{Z_E + be'^2 \sin^3 U}{\sqrt{X_E^2 + Y_E^2} - ae^2 \cos^3 U}\right) \\[3mm] L = \arctan\dfrac{Y_E}{X_E} \\[3mm] H_i = \dfrac{\sqrt{X_E^2 + Y_E^2}}{\cos B} - N \end{cases} \quad (2\text{-}45)$$

其中，
$$\begin{cases} U = \arctan\left(\dfrac{Z_E a}{b\sqrt{X_E^2 + Y_E^2}}\right) \quad\quad\quad\quad\quad\quad\quad（低精度） \\[3mm] U = \arctan\left[\dfrac{Z_E a}{b\sqrt{X_E^2 + Y_E^2}}\left(1 + \dfrac{be'^2}{\sqrt{X_E^2 + Y_E^2 + Z_E^2}}\right)\right] （高精度） \end{cases} \quad (2\text{-}46)$$

式中，N 为卯酉圈曲率半径；a 为椭球长半轴；b 为椭球短半轴；e 为椭球第一偏心率；e' 为椭球第二偏心率。纬度精度可达 $1'' \times 10^{-7}$，大地高程的误差小于 10^{-6}cm。

2.3 大地坐标与弧长的相互关系

过椭球面上一点的法线，可作无限个法面，其中与子午圈垂直的法面称为卯酉面，卯酉面与椭球面的交线称为卯酉圈。过子午圈的为子午面，卯酉圈曲率半径以 N 表示，而子午圈曲率半径以 M 表示。

2.3.1 子午圈曲率半径

子午圈曲率半径的计算示意图如图 2-7 所示。子午圈曲率半径定义式为：

$$M = \frac{\mathrm{d}S}{\mathrm{d}B} \tag{2-47}$$

由图 2-7 可知，在一个很小的区域内，$\mathrm{d}S$ 与 $\mathrm{d}X$ 的关系为：

$$\mathrm{d}S = \frac{-\,\mathrm{d}X}{\sin B} \tag{2-48}$$

将式（2-48）代入式（2-47），得：

$$M = -\frac{\mathrm{d}X}{\mathrm{d}B}\frac{1}{\sin B} \tag{2-49}$$

由图 2-7 可知，X 与卯酉圈曲率半径 N、$\cos B$ 的关系为：

$$X = N\cos B = \frac{a}{\sqrt{1 - e^2 \sin^2 B}}\cos B \tag{2-50}$$

设

$$W = \sqrt{1 - e^2 \sin^2 B} \tag{2-51}$$

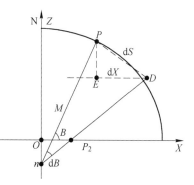

图 2-7 NPS 子午圈

则式（2-50）可以改写为：

$$X = \frac{a}{W}\cos B \tag{2-52}$$

对式（2-52）求导，得：

$$\frac{\mathrm{d}X}{\mathrm{d}B} = \frac{\dfrac{\mathrm{d}(a\cos B)}{\mathrm{d}B}W - a\cos B\dfrac{\mathrm{d}W}{\mathrm{d}B}}{W^2} \tag{2-53}$$

在式（2-53）中，$\dfrac{\mathrm{d}W}{\mathrm{d}B}$ 为：

$$\frac{\mathrm{d}W}{\mathrm{d}B} = \frac{\mathrm{d}\sqrt{1 - e^2 \sin^2 B}}{\mathrm{d}B} = -\frac{e^2 \sin B \cos B}{\sqrt{1 - e^2 \sin^2 B}} = -\frac{e^2 \sin B \cos B}{W} \tag{2-54}$$

将式（2-54）代入式（2-53），得：

$$\frac{\mathrm{d}X}{\mathrm{d}B} = \frac{-aW\sin B - a\cos B\dfrac{-e^2 \sin B \cos B}{W}}{W^2}$$

$$= \frac{-aW^2\sin B + ae^2\sin B\cos^2 B}{W^3} = \frac{-a\sin B}{W^3}(W^2 - e^2\cos^2 B)$$

$$= \frac{-a\sin B}{W^3}(1 - e^2\sin^2 B - e^2\cos^2 B) = \frac{-a\sin B}{W^3}(1 - e^2)$$

所以

$$\frac{\mathrm{d}X}{\mathrm{d}B} = \frac{-a\sin B}{W^3}(1 - e^2) \tag{2-55}$$

将式(2-55)代入式(2-49)，得：

$$M = -\frac{-a\sin B}{W^3}(1 - e^2)\frac{1}{\sin B} = \frac{a}{W^3}(1 - e^2) \tag{2-56}$$

即：

$$M = \frac{a(1 - e^2)}{(1 - e^2\sin^2 B)^{\frac{3}{2}}} \tag{2-57}$$

子午圈曲率半径可以用泰勒级数在 $B=0$ 处展开，得：

$$M = m_0 + m_2\sin^2 B + m_4\sin^4 B + m_6\sin^6 B + m_8\sin^8 B \tag{2-58}$$

式中，

$$m_0 = M\big|_{B=0} = \frac{a(1 - e^2)}{(1 - e^2\sin^2 B)^{\frac{3}{2}}}\bigg|_{B=0} = a(1 - e^2)$$

$$m_2 = \frac{\partial M}{\partial(\sin^2 B)}\bigg|_{B=0} = \frac{a(1 - e^2)\,\partial\left[(1 - e^2\sin^2 B)^{-\frac{3}{2}}\right]}{\partial(\sin^2 B)}\bigg|_{B=0}$$

$$= -\frac{3}{2}a(1 - e^2)(1 - e^2\sin^2 B)^{-\frac{5}{2}}(-e^2)\bigg|_{B=0}$$

$$= \frac{3}{2}e^2 a(1 - e^2)(1 - e^2\sin^2 B)^{-\frac{5}{2}}\bigg|_{B=0} = \frac{3}{2}e^2 a(1 - e^2) = \frac{3}{2}e^2 m_0$$

因为

$$\frac{\partial^2 M}{\partial(\sin^2 B)^2} = \frac{\partial\left[\dfrac{\partial M}{\partial(\sin^2 B)}\right]}{\partial(\sin^2 B)} = \frac{\dfrac{3}{2}e^2 a(1 - e^2)\,\partial\left[(1 - e^2\sin^2 B)^{-\frac{5}{2}}\right]}{\partial(\sin^2 B)}$$

$$= -\frac{15}{4}e^2 a(1 - e^2)(1 - e^2\sin^2 B)^{-\frac{7}{2}}(-e^2)$$

$$= \frac{15}{4}e^4 a(1 - e^2)(1 - e^2\sin^2 B)^{-\frac{7}{2}}$$

所以

$$m_4 = \frac{1}{2}\frac{\partial^2 M}{\partial(\sin^2 B)^2}\bigg|_{B=0} = \frac{1}{2}\times\frac{15}{4}e^4 a(1 - e^2)(1 - e^2\sin^2 B)^{-\frac{7}{2}}\bigg|_{B=0}$$

$$= \frac{15}{8}e^4 a(1 - e^2) = \frac{5}{4}e^2\left[\frac{3}{2}e^2 a(1 - e^2)\right] = \frac{5}{4}e^2 m_2$$

因为

$$\frac{\partial^3 M}{\partial(\sin^2 B)^3} = \frac{\partial\left[\dfrac{\partial^2 M}{\partial(\sin^2 B)^2}\right]}{\partial(\sin^2 B)}$$

$$= \frac{\dfrac{15}{4}e^4 a(1-e^2)\,\partial\left[(1-e^2\sin^2 B)^{-\frac{7}{2}}\right]}{\partial(\sin^2 B)}$$

$$= \frac{15}{4} \times \left(-\frac{7}{2}\right)e^4 a(1-e^2)(1-e^2\sin^2 B)^{-\frac{9}{2}}(-e^2)$$

$$= \frac{105}{8}e^6 a(1-e^2)(1-e^2\sin^2 B)^{-\frac{9}{2}}$$

所以

$$m_6 = \frac{1}{6}\frac{\partial^3 M}{\partial(\sin^2 B)^3}\bigg|_{B=0} = \frac{1}{6} \times \frac{15}{8}e^6 a(1-e^2)(1-e^2\sin^2 B)^{-\frac{9}{2}}\bigg|_{B=0}$$

$$= \frac{105}{48}e^6 a(1-e^2) = \frac{7}{6}e^2\left[\frac{15}{8}e^4 a(1-e^2)\right] = \frac{7}{6}e^2 m_4$$

因为

$$\frac{\partial^4 M}{\partial(\sin^2 B)^4} = \frac{\partial\left[\dfrac{\partial^3 M}{\partial(\sin^2 B)^3}\right]}{\partial(\sin^2 B)} = \frac{\dfrac{105}{8}e^6 a(1-e^2)\,\partial\left[(1-e^2\sin^2 B)^{-\frac{9}{2}}\right]}{\partial(\sin^2 B)}$$

$$= \frac{105}{8} \times \left(-\frac{9}{2}\right)e^6 a(1-e^2)(1-e^2\sin^2 B)^{-\frac{11}{2}}(-e^2)$$

$$= \frac{105 \times 9}{8 \times 2}e^8 a(1-e^2)(1-e^2\sin^2 B)^{-\frac{11}{2}}$$

所以

$$m_8 = \frac{1}{24}\frac{\partial^4 M}{\partial(\sin^2 B)^4}\bigg|_{B=0} = \frac{1}{24} \times \frac{105 \times 9}{8 \times 2}e^8 a(1-e^2)(1-e^2\sin^2 B)^{-\frac{11}{2}}\bigg|_{B=0}$$

$$= \frac{1}{24} \times \frac{105 \times 9}{8 \times 2}e^8 a(1-e^2) = \frac{9}{8}e^2\left[\frac{105}{48}e^6 a(1-e^2)\right] = \frac{9}{8}e^2 m_6$$

综上可得：

$$\begin{cases} m_0 = a(1-e^2) \\[2mm] m_2 = \dfrac{3}{2}e^2 m_0 \\[2mm] m_4 = \dfrac{5}{4}e^2 m_2 \\[2mm] m_6 = \dfrac{7}{6}e^2 m_4 \\[2mm] m_8 = \dfrac{9}{8}e^2 m_6 \end{cases} \tag{2-59}$$

式中，8 次项可以保证 mm 级的计算精度。

2.3.2 子午圈弧长

子午圈弧长计算示意图如图 2-8 所示。

从图 2-8 可以看出：

$$\mathrm{d}S_L = M\mathrm{d}B \qquad (2\text{-}60)$$

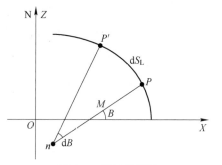

图 2-8 子午圈弧长

则：

$$
\begin{aligned}
S_{\mathrm{L}} &= \int_0^B M\mathrm{d}B \\
&= \int_0^B (m_0 + m_2\sin^2 B + m_4\sin^4 B + m_6\sin^6 B + \\
&\quad m_8\sin^8 B)\,\mathrm{d}B
\end{aligned}
\qquad (2\text{-}61)
$$

由于 $\cos(2B) = 1 - 2\sin^2 B = 2\cos^2(B-1)$，所以

$$\sin^2 B = \frac{1}{2} - \frac{1}{2}\cos(2B)$$

$$\sin^4 B = (\sin^2 B)^2 = \frac{1}{4} - \frac{1}{2}\cos(2B) + \frac{1}{4}\cos^2(2B)$$

$$= \frac{1}{4} - \frac{1}{2}\cos 2B + \frac{1}{4}\left(\frac{1}{2}\cos 4B + \frac{1}{2}\right) = \frac{3}{8} - \frac{1}{2}\sin 2B + \frac{1}{8}\sin 4B$$

同理可得：

$$
\begin{cases}
\sin^2 B = \dfrac{1}{2} - \dfrac{1}{2}\cos(2B) \\[2mm]
\sin^4 B = \dfrac{3}{8} - \dfrac{1}{2}\cos(2B) + \dfrac{1}{8}\cos(4B) \\[2mm]
\sin^6 B = \dfrac{5}{16} - \dfrac{15}{32}\cos(2B) + \dfrac{3}{16}\cos(4B) - \dfrac{1}{32}\cos(6B) \\[2mm]
\sin^8 B = \dfrac{35}{128} - \dfrac{7}{16}\cos(2B) + \dfrac{7}{32}\cos(4B) - \dfrac{1}{16}\cos(6B) + \dfrac{1}{128}\cos(8B)
\end{cases}
\qquad (2\text{-}62)
$$

则：

$$M = a_0 - a_2\cos(2B) + a_4\cos(4B) - a_6\cos(6B) + a_8\cos(8B) \qquad (2\text{-}63)$$

式中，

$$
\begin{cases}
a_0 = m_0 + \dfrac{1}{2}m_2 + \dfrac{3}{8}m_4 + \dfrac{5}{16}m_6 + \dfrac{35}{128}m_8 + \cdots \\[2mm]
a_2 = \dfrac{1}{2}m_2 + \dfrac{1}{2}m_4 + \dfrac{15}{32}m_6 + \dfrac{7}{16}m_8 \\[2mm]
a_4 = \dfrac{1}{8}m_4 + \dfrac{3}{16}m_6 + \dfrac{7}{32}m_8 \\[2mm]
a_6 = \dfrac{1}{32}m_6 + \dfrac{1}{16}m_8 \\[2mm]
a_8 = \dfrac{1}{128}m_8
\end{cases}
\qquad (2\text{-}64)
$$

将式(2-63)代入式(2-61)，得：

$$S_{\mathrm{L}} = a_0 B - \frac{a_2}{2}\sin(2B) + \frac{a_4}{4}\sin(4B) - \frac{a_6}{6}\sin(6B) + \frac{a_8}{8}\sin(8B) \qquad (2\text{-}65)$$

最后一项小于 0.1mm，可以忽略，故式（2-65）简化为：

$$S_{\mathrm{L}} = a_0 B - \frac{a_2}{2}\sin(2B) + \frac{a_4}{4}\sin(4B) - \frac{a_6}{6}\sin(6B) \qquad (2\text{-}66)$$

不考虑高程时，WGS-84 坐标系为：

$$S_{\mathrm{L}} = 111132.9558B^\circ - 16038.6496\sin(2B) + 16.8607\sin(4B) - 0.0220\sin(6B) \qquad (2\text{-}67)$$

若求子午线上纬度 B_1 及 B_2 间弧长，需按式（2-66）分别算出相应弧长之差。当子午线很短时，如子午线两端纬差 $\Delta B < 20'$，距离小于 40km，精度到 0.001m，可将子午线视为圆弧，其曲率半径采用两端平均纬度处子午曲率半径。因此，子午线弧长公式可简化为：

$$S_{\mathrm{L}} = M_{\mathrm{m}}\Delta B \qquad (2\text{-}68)$$

式中，M_{m} 为 B_{m} 处的子午线曲率半径，其计算公式为：

$$B_{\mathrm{m}} = \frac{B + B_0}{2} \qquad (2\text{-}69)$$

式（2-68）中 ΔB 为弧度，若改为度，则：

$$S_{\mathrm{L}} = \frac{\Delta B''}{\rho''}M_{\mathrm{m}} \qquad (2\text{-}70)$$

其中，$\pi = 3.1415926535897932$，所以 1rad（弧度）对应的度、分、秒的值分别为：

$$\begin{cases} \rho^\circ = \dfrac{180}{\pi} = 57.2957795130823210^\circ \\[2mm] \rho' = 60 \times \dfrac{180}{\pi} = 3437.746770798493917' \\[2mm] \rho'' = 60 \times 60 \times \dfrac{180}{\pi} = 206264.806247096355'' \end{cases} \qquad (2\text{-}71)$$

对于不超过 400km 子午线弧长，用式（2-72）进行计算，足以精确到 0.001m：

$$S_{\mathrm{L}} = M_{\mathrm{m}}\Delta B\left[1 + \frac{e'^2\Delta B^2\cos(2B_{\mathrm{m}})}{8}\right] \qquad (2\text{-}72)$$

式中，$\Delta B = B - B_0$。

以上计算没有考虑高程影响情况。若在成像区域为 50km 范围内，海高为 4000m 条件下，考虑高程与不考虑高程情况所得到的子午圈弧长误差如图 2-9 所示。

从图 2-9 中可以看出，在成像区域较小情况下，子午圈弧长误差均为厘米级。故在计算时，可以不考虑地面的海高情况。

2.3.3 平行圈弧长

与赤道面平行的面称为平行面，平行面与椭球面的交线称为平行圈。平行圈弧长计算如图 2-10 所示。

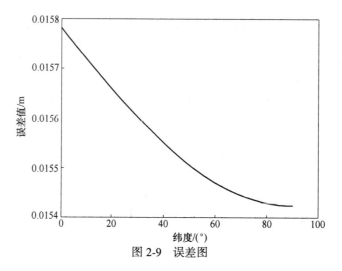

图 2-9　误差图

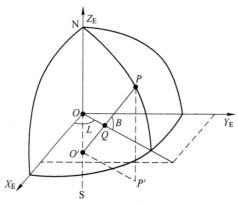

图 2-10　坐标系转换

若求平行圈上经度 L 及 L_0 间弧长，则采用的计算公式为：

$$S_B = (L - L_0)N_0\cos B_0 = \Delta L N_0 \cos B_0 \tag{2-73}$$

2.3.4　由子午圈弧长求大地纬度

设

$$F(B) = -\frac{a_2}{2}\sin 2B + \frac{a_4}{4}\sin 4B - \frac{a_6}{6}\sin 6B \tag{2-74}$$

由式（2-66）可知：

$$B = \frac{S_L - F(B)}{a_0} \tag{2-75}$$

故可采用迭代方法计算，设 B 初始值为：

$$B_0 = \frac{S_L}{a_0} \tag{2-76}$$

B 的迭代值为：

$$B_{i+1} = \frac{S_L - F(B_i)}{a_0} \tag{2-77}$$

在成像区域较小的范围内，根据式(2-68)可知：

$$\Delta B = \frac{S_L}{M_m} \tag{2-78}$$

即：

$$B = B_0 + \frac{S_L}{M_m} \tag{2-79}$$

2.3.5 由平行圈弧长求大地经度

由式(2-73)得：

$$L = L_0 - \frac{S_B}{N_0 \cos B_0} \tag{2-80}$$

3 日照参数计算

地球的运动引起太阳位置的变化，对于计时系统、光照条件等应用影响较大。特别是利用影像上目标阴影特征测量目标特征时，影响更大。本章需要了解地球运动的相关常识与规律。

3.1 基本常识

地球运动包括自转运动和公转运动两种基本形式。

3.1.1 地球运转的一般特点

地球绕其自转轴的旋转运动称为地球自转，地球自转轴简称地轴。地球运转的北端始终指向北极星附近。

地球自西向东自转，自转一周的时间单位是 1 日。由于在计算自转周期时，选定的参考点不同，一日的时间长度略有差别，名称也不同。如果以距离地球遥远的同一恒星为参考点，则一日的时间长度为 23 时 56 分 4 秒，称为恒星日；如果以太阳为参考点，则一日的时间长度是 24 小时，称为太阳日。

地球自转速度可以用角速度和线速度来描述，如图 3-1 所示。根据地球自转周期，可以算出地球自转的角速度约 15°/h。地球表面除南北两极点外，任何地点的自转角速度都相等。地球自转的线速度，则因纬度的不同而有差异。

地球绕太阳的运动称为地球公转。同地球自转方向一致，地球公转的方向也是自西向东。地球公转一周的时间单位是 1 年，其时间长度为 365 日 6 时 9 分 10 秒，称为恒星年；地球公转的轨迹称为公转轨道。地球绕太阳运动是近似正圆的椭圆形轨道，太阳位于椭圆的一个焦点上，如图 3-2 所示。

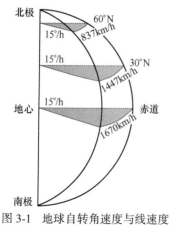

图 3-1 地球自转角速度与线速度

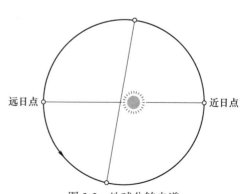

图 3-2 地球公转赤道

每年的 1 月初，地球距离太阳最近，这个位置称为近日点，日地距离 1.471 亿千米，角速度 61′/d，线速度 30.1km/s。每年的 7 月初，地球距离太阳最远，这个位置称为远日点，日地距离 1.521 亿千米，角速度 57′/d，线速度 29.31km/s。随着地球的公转，日地距离不断地发生细微的变化，地球公转速度也随之发生变化。

3.1.2 太阳直射点的移动

地球自转的同时也在围绕太阳公转。过地心并与地轴垂直的平面称为赤道平面，地球公转轨道平面称为黄道平面。赤道平面与黄道平面之间存在一个交角，称为黄赤交角，目前的黄赤交角是 23°26′，如图 3-3 所示。

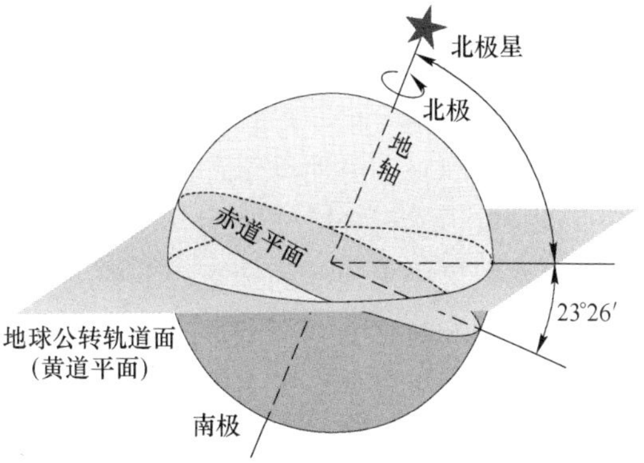

注意：黄赤交角并不是固定的，从 1984 年起，天文学上用的黄赤交角的数值是 23°26′21″。

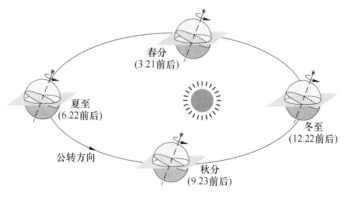

图 3-3　黄赤交角

地球在公转过程中，地轴的空间指向和黄赤交角的大小，在一定的时期内可以看作是不变的。因此，地球在公转轨道上的不同位置，地表接受太阳垂直照射的点（简称太阳直射点）是有变化的，如图 3-4 所示。

图 3-4　黄赤交角与二分二至地球位置（北半球）

太阳直射的范围，最北到达北纬 23°26′，最南到达南纬 23°26′。北半球夏至日（6 月 22 日前后），太阳直射在北纬 23°26′，之后太阳直射点逐渐南移；到了秋分日（9 月 23 日前后），太阳直射赤道；冬至日（12 月 22 日前后），太阳直射在南纬 23°26′，之后太阳直射点逐渐北返。春分日（3 月 21 日前后），太阳直射赤道；到了夏至日，太阳再次直射北纬 23°26′。太阳直射点在南、北回归线之间的往返运动，称为太阳直射点的回归运动。太阳直射点回归运动的周期为 365 日 5 时 48 分 46 秒，称为回归年。

3.1.3 昼夜交替和时差

地球是一个既不发光、也不透明的球体，所以在同一时间里，太阳只能照亮地球表面的一半。向着太阳的半球是白天，背着太阳的半球是黑夜。昼半球和夜半球的分界线

（圈）称为晨昏线（圈），晨昏线（圈）把经过的纬线分割成昼弧和夜弧。由于地球不停地自转，昼夜也就不断地交替。

昼夜交替的周期是 1 个太阳日。昼夜交替影响着人类的起居作息，因此太阳日被用来作为基本的时间单位。地球自西向东自转，在同一纬度地区，相对来说，东边的地点比西边的地点先看到日出，这样时间就有了早迟之分，东边的地点比西边的地点时间要早。同一时刻，不同经度的地方具有不同的地方时。经度每隔 15°，地方时相差 1h；经度每隔 1°，地方时相差 4min。

使用地方时很不方便，于是在 1884 年召开的国际经度会议上，人们决定按统一标准划分全球时区，实行分区计时的办法。全球共分为 24 个时区，每个时区跨经度 15°。各时区都以本时区中央经线的地方时，作为本区的区时（在标准时线左右各 7.5 度的经度范围内属于同一时区），相邻两个时区的区时相差 1h。

这样划分有很多优点，主要是区时与地方时相差不超过半个小时，对生活影响不大；各区时之差均为小时的整数倍，便于区时之间的换算。并且，某一个国家或地区约定以某一经度的时间作为邻近地区的相同时间，这样的时间便称为地方标准时（我国为北京时间）。任意两地的地方标准时，可以根据两地的地理经度差来确定。经度相差 1°，时刻相差 4min，且偏东一地时刻偏早。

为了避免日期的紊乱，1884 年的国际经度会议，还规定了原则上以 180° 经线作为地球上"今天"和"昨天"的分界线，并把这条分界线称为国际日期变更线，现改称国际日界线。地球上新的一天就从这里开始。

中国领土共跨越 5 个时区。为了便于各地区之间的联系和协调，全国统一采用北京所在的东八区的区时（即东经 120° 的地方时），这就是北京时间。

3.2 太阳周日视运动基本参数

计算太阳在天球中对地球上某一点的相对位置，主要由当地的地理纬度、季节（月、日）和时间三个因素决定，可以用地理纬度（φ）、太阳赤纬角（δ）、太阳高度角（h）、太阳方位角（A）和时角（t）等参数进行定位。

3.2.1 太阳日角

太阳日角为起点在春分点的地球（或太阳）公转角，如图 3-5 所示。

太阳日角求解式为：

$$\theta = \frac{2\pi(N - N_0 + \Delta N)}{365.2422} \tag{3-1}$$

注意：有些文献中写成 $\dfrac{\theta = 2\pi \times 57.2958(N + \Delta N - N_0)}{365.2422}$，多了一个 57.2958 系数。

其实是一样的，因为这时的单位为度，$57.2958 = 180/\pi$。

式(3-1)中 N 为积日，即日期在年内的顺序号。例如，平年 12 月 31 的积日为 365，闰年则为 366（平年 2 月 28 天，闰年 2 月 29 天）。当给定年月日分别为 Y、M 和 D 时，相

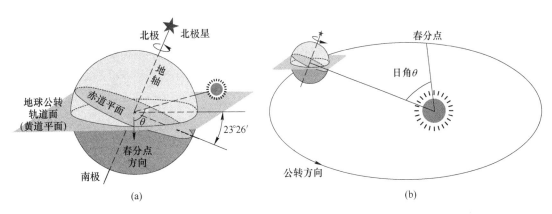

图 3-5 太阳日角示意图

（a）太阳运动时的太阳日角；（b）地球公转时的太阳日角

应的积日 N 可以通过以下 MATLAB 代码来实现：

```
A=Y/4;                              %例如
B=A-floor (A);                      %闰年时, A 为整数, B 为 0、0.25、0.5、0.75
C=32.8;
if M<=2   C=30.6;   end            %每年的 1、2 月时, C 取 30.6
if (B==0) & (M>2)   C=31.8;   end   %闰年的 3 至 12 月, C 取 31.8, 否则 C 取 32.8
N=floor (30.6*M-C+0.5) +D;
```

例如，2011 年的 2 月 1 日，这天为当年的 32 天。具体计算为：

程序代码	执行结果
输入条件	$Y = 2011$；$M = 2$；$D = 1$；
A = Y/4；	A = 2011/4 = 502.75
B = A - floor（A）；	B = 502.75 - floor（502.75）= 0.75
C = 32.8；	C = 32.8
if M<=2 C=30.6; end	因为 $Y = 2 <= 2$ 条件成立，C = 30.6
if（B==0）&（M>2）C=31.8; end	条件不成立
N=floor（30.6*M-C+0.5）+D；	N = floor（30.6*2-30.6+0.5）+1 = floor（31.1）+1 = 32

式(3-1)中 N_0 为：

$$N_0 = 79.6764 + 0.2422(Y - 1985) - \text{floor}\left(\frac{Y - 1985}{4}\right) \qquad (3-2)$$

式中，Y 为年份；$\text{floor}(X)$ 为求出不大于 X 的最大整数的函数。

式(3-1)中 ΔN 为积日修正值，由观测地与格林尼治经度差所产生的时间差的修正值 L 和格林尼治 0 时时间差的修正值 W 两项组成，其关系式为

$$\Delta N = \frac{W \pm L}{24} \qquad (3-3)$$

式(3-3)中 W 为：

$$W = S + \frac{F}{60} \tag{3-4}$$

式(3-4)中 S、F 分别为观测时的时值和分值。北京时比格林尼治的地方时早 8h，故采用北京时间，式(3-4)修改为：

$$W = S - 8 + \frac{F}{60} \tag{3-5}$$

式(3-3)中 $\pm L$ 为：

$$\pm L = \frac{D + \frac{E}{60}}{15} \tag{3-6}$$

式(3-6)中 D、E 分别是观测处经度的度值和分值，将它们换算成与格林尼治时间差 L。西经为正，东经为负。我国处在东经，故 L 取负值。

综上所述，处在我国附近，最终 θ 的计算式为（单位：弧度）：

$$\begin{aligned} \theta = 2\pi(N + \Delta N - N_0)/365.2422 = 2\pi\{&[\text{floor}(30.6Y - C + 0.5) + R] - \\ &[79.6764 + 0.2422(NF - 1985) - \text{floor}(NF - 1985)/4] + \\ &[(S - 8 + F/60) - (D + E/60)/15]/24\}/365.2422 \end{aligned} \tag{3-7}$$

3.2.2　太阳赤纬角

地球中心和太阳中心的连线与地球赤道平面的夹角称为太阳赤纬。太阳赤纬在春分和秋分时刻等于 0，而在夏至和冬至时刻有极值，分别为 $\pm 23°26.5'$。一般规定南半球为负，北半球为正，如图 3-6 所示。

太阳赤纬的一般计算式为：

$$\begin{aligned} \delta = &0.3723 + 23.2567\sin\theta + 0.1149\sin2\theta - \\ &0.1712\sin3\theta - 0.7580\cos\theta + \\ &0.3656\cos2\theta + 0.0201\cos3\theta \end{aligned} \tag{3-8}$$

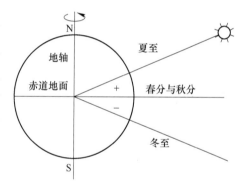

图 3-6　赤纬示意图

式中，θ 为日角，rad。

太阳赤纬还有其他几种计算方法。

（1）其他方法一：

$$\begin{aligned} \delta = &0.006918 - 0.399912\cos\theta + 0.010257\sin\theta - 0.006758\cos2\theta + \\ &0.000907\sin2\theta - 0.002679\cos3\theta + 0.00148\sin3\theta \end{aligned} \tag{3-9}$$

式中，$\theta = \dfrac{2\pi N}{365}$。

（2）其他方法二。利用黄经角 λ 计算太阳赤纬，其一般计算式为：

$$\sin\delta = 0.3977\sin\lambda \tag{3-10}$$

太阳的赤纬角因黄经而变化，可以利用式(3-10)进行计算。但是这种方法必须先知道太阳黄经角，但太阳黄经平常很少涉及，故这种方法用得较少。

（3）其他方法三。赤纬的近似计算式为：

$$\delta = 23.45\sin\left[(N - 80.25)\frac{1 - N}{9500}\right] \tag{3-11}$$

式中，N 为从元旦到计算日的总天数。

（4）其他方法四。查天文年历得到计算太阳赤纬：直接查天文年历，可查询的信息包括每日的公历、农历、回历日期、节气、每时每刻和每日力学时 0 时的太阳、月亮位置坐标（含黄经、赤纬、时角、时差和上中天）等，如中科院紫金山天文台《2006 年中国天文年历》。

3.2.3 时差

在天文学中，时间是一个基本课题，在确定其计量值时都要先确定一个标准。长期以来，在准确度不高的情况下，人们认为地球自转是均匀的，可以用地球自转的周期作为计量时间的单位，于是产生了"日"的概念。由于它符合人们生活习惯，便一直沿用下来。尽管如此，迄今地球自转仍是度量时间的基本单位之一，并用它协调其他计时系统。依据地球自转作为计时系统的有真太阳时、平太阳时和恒星时；依据地球公转的计时系统有历书时；依据原子振荡的计时系统的有原子时等。此外还有混合类型的世界协调时。

在一般的常识中，人们自古就有这样的一个认识：一个地方时的正午（又称上中天，即太阳中心通过当地子午圈的时刻）认为是当地的 12 时，这就是太阳时。真太阳时连续两次上中天的时间间隔为一真太阳日。真太阳时作为一种计时系统是不完善的，地球绕太阳公转根据开普勒第一定律，太阳系中所有的行星围绕太阳运动的轨迹都是椭圆，太阳处在所有椭圆的一个焦点上，所以日地距离不是一个固定的数值。另外，根据开普勒第二定律，对于每一个行星而言，太阳和行星的连线在相等的时间内扫过的面积是相等的。因此，日地距离每天都在变化着，相应的地球在公转轨道上做不等速运动，所以 1 年内真太阳日的长度便不断改变。

日常生活和科学研究都要求计时系统稳定均匀，长短不变。而真太阳时却是一个不稳定的计时单位，有时长，有时短。天文学家为了弥补这个缺陷，就假设天上另一个太阳，以固定不变的速度沿一正圆作周年运动；这一假想太阳称为平太阳，它每天的持续时间称为平太阳日，由此而来的小时即为平太阳时，它是基本均匀的时间计量系统。日晷所表示的时间就是真太阳时，钟表所示的时间就是平太阳时。

平太阳是假想的，故无法实际观测它，但可以间接从真太阳时求得，同样也可以通过平太阳时来求得真太阳时。为此，用一个差值来表示二者之间的关系，该差值即为时差，用 E_t 表示。平太阳时与真太阳时关系为：

$$m = m_0 - E_t, \quad m_0 = m + E_t \tag{3-12}$$

式中，m 为平太阳时；m_0 为真太阳时；E_t 为时差。

真太阳时的周年运动不均匀，而平太阳时是匀速运动，所以时差值每天都在变化，但是与地点无关。1 年中，时差有 4 次为 0，4 次达到极值，如图 3-7 所示。

时差为 0 时，真太阳和平太阳重合；时差为正时，真太阳在平太阳的西边，真太阳先过子午圈；时差为负时，真太阳在平太阳的东侧，平太阳先过子午圈。真太阳时的特点就是正午时阳光正好通过当地子午线，即在空中最高处。

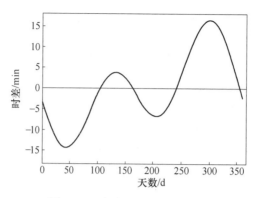

图 3-7　一年中时差的变化情况

时差 E_t 的计算公式为：

$$E_t = 0.0028 - 7.0924\cos\theta - 1.9857\sin\theta - 0.6882\cos(2\theta) + 9.9059\sin(2\theta) \quad (3\text{-}13)$$

式中，θ 为日角，与式(3-1)中 θ 含义相同。

时差 E_t 还有其他几种计算方法，例如：

（1）$E_t = 0.0172 + 0.4281\cos\theta - 7.3515\sin\theta - 3.3495\cos(2\theta) - 9.3619\sin(2\theta)$；

（2）$E_t = 0.000075 + 0.001868\cos\theta - 0.032077\sin\theta - 0.014616\cos(2\theta) - 0.040849\sin(2\theta)$。

式中，$\theta = \dfrac{2\pi N}{365}$；$N$ 为日期在年内的顺序号。例如，平年 12 月 31 日的积日为 365，闰年则为 366。

3.2.4　真太阳时

由于太阳时是以太阳对当地子午圈的时角来计量的，不同地方时的子午圈会因地理经度不同而不同。根据太阳通过各地子午圈所定的时间被称为当地真太阳时。任意两地的地方时，可以根据两地的地理经度差来确定。地理经度差 15°，时间相差 1h，且偏东一地的时间较早。地方时因经度而异，如果各地都使用各自的地方时，会给相互间的交往带来诸多不便。

因此，采用全球世界统一实行分区计时制，地方标准时与真太阳时的关系为：

$$m_0 = m_1 \pm \frac{L_{ST} - L_{LOC}}{15} + \frac{E_t}{60} \quad (3\text{-}14)$$

式中，m_0、m_1 分别为真太阳时和地方标准时；L_{ST} 为当地时区标准子午线经度，（°），如北京时间的标准子午线经度为 120°；L_{LOC} 为当地经度，（°）；E_t 为时差，min。注意：正负号分别应用于所在点位于东半球时和西半球时的情况。

地方平太阳时与地方标准时（北京时间）的关系为：

$$m = m_1 \pm \frac{L_{ST} - L_{LOC}}{15} \quad (3\text{-}15)$$

我国地跨东 5~9 五个时区，为了统一，规定全国统一采用东八区的区时，并称为北京时。北京时是位于中国版图几何中心位置的陕西临潼中国科学院国家授时中心的 9 台铯原子钟（铯钟）和 2 台氢原子钟组成精密对比时和计算实现的，并且通过卫星与世界各国授时部门进行实时对比。

应强调的是，这里所谓的北京时，并非北京地方时，而是东经120°的地方平太阳时。故式(3-14)修改为：

$$m_0 = m_1 - \frac{120 - L_{\mathrm{LOC}}}{15} + \frac{E_{\mathrm{t}}}{60} \tag{3-16}$$

国际上还统一规定，以地理经度为0°所在地——格林尼治的地方时作为标准，并且将其称为世界时（以 M 表示）。天文年历中所发布的各种参数均是以此为准的。世界时与地方时的关系为：

$$m - M = \frac{\lambda}{15} \tag{3-17}$$

式中，m 为地方时；M 为世界时；λ 为地理经度，且 $\lambda > 0$ 为东经，$\lambda < 0$ 为西经，除以15是将地理经度转化为时间。

若已知区时 T_N 和时区号 N 的区时 N^{h}（即区号），则世界时间 M 的计算公式为：

$$M = T_N - N^{\mathrm{h}} \tag{3-18}$$

地方时和区时的关系为：

$$m = T_N - \left(N^{\mathrm{h}} - \frac{\lambda}{15} \right) \tag{3-19}$$

综上所述，在太阳时下有北京时、世界时、地方时和真太阳时四种概念，不可混淆。

例 3-1 试计算北纬38°（φ），东经112°30′山西太原附近某地，1999 年 6 月 21 日上午 11 时（北京时）的真太阳时。

解1：首先需要求出当日（更精确讲应该为当日当时刻的）太阳赤纬（δ）和时差（E_{t}）。太阳赤纬在天文年历中按世界时给出的，所以无论是查阅天文年历，还是代入公式，均需将计算时刻换算成世界时。

区时（地方标准时）$T_N = 11$，时区号 N 的区时 $N^{\mathrm{h}} = 8$（东 8 区），则世界时 M 由式 (3-18)计算得：

$$M = T_N - N^{\mathrm{h}} = 11 - 8 = 3$$

经相应计算，时差为−1.5min。由于一般时钟给出的时间均为北京时，而太原地区距东经120°偏西 7.5°，所以当北京时为 11 时，由式(3-17)可知当地时间 m 为：

$$m = M + \frac{\lambda}{15} = 3 + \frac{112.5}{15} = 10.5^{\mathrm{h}}$$

而此时当地的真太阳时由式(3-12)可得到：

$$m_0 = m + \frac{E_{\mathrm{t}}}{60} = 10.5 + \left(\frac{-1.5}{60} \right) = 10.475^{\mathrm{h}} \approx 10^{\mathrm{h}}29^{\mathrm{m}}$$

解2：由式(3-16)计算得：

$$m_0 = m - \frac{120 - L_{\text{LOC}}}{15} + \frac{E_\text{t}}{60} = 11 - \frac{120 - 112.5}{15} + \left(\frac{-1.5}{60}\right) = 10.475^\text{h} \approx 10^\text{h}29^\text{m}$$

3.2.5　时角

真太阳时距正午的角距离即为太阳时角。规定正午时角为 0°，上午时角为负值，下午时角为正值。地球自转一周 360°，对应 24 小时，即每小时相应的时角为 15°，每 4min 的时角为 1°。

时角的一般计算式为：

$$\tau = 15(m_0 - 12) \tag{3-20}$$

式中，m_0 为 24 时制的真太阳时，将式(3-16)代入，得：

$$\tau = 15\left(m_1 - \frac{120 - L_{\text{LOC}}}{15} + \frac{E_\text{t}}{60} - 12\right) \tag{3-21}$$

还可写成：

$$\tau = 15\left[S + \frac{F}{60} - \frac{120 - \left(D + \dfrac{E}{60}\right)}{15} + \frac{E_\text{t}}{60} - 12\right] \tag{3-22}$$

式中，S、F 分别为地方标准时的时值和分值；D、E 分别为当地经度的度值和分值；E_t 为时差，min。

3.2.6　太阳高度角

地球表面上某点和太阳的连线与地平面之间的夹角称为太阳高度角。正午时太阳的高度角最大，太阳高度角随着太阳赤纬和地方时的变化而变化，太阳赤纬与地理纬度都是南纬为负，北纬为正。太阳高度角的计算推导一般按照球面三角形正、余弦定理来推导。

（1）球面三角形余弦定理。在球面三角形 ABC 中，其三边 a、b、c 与三角 A、B、C 满足：

$$\begin{cases} \cos a = \cos b \cos c + \sin b \sin c \cos A \\ \cos b = \cos a \cos c + \sin a \sin c \cos B \\ \cos c = \cos a \cos b + \sin a \sin b \cos C \end{cases} \tag{3-23}$$

（2）球面三角形正弦定理。在球面三角形 ABC 中，其三边 a、b、c 与三角 A、B、C 满足：

$$\frac{\sin a}{\sin A} = \frac{\sin b}{\sin B} = \frac{\sin c}{\sin C} \tag{3-24}$$

3.2.6.1　赤纬与目标点处同一个半球的情况

在图 3-8 中，BCN 构成了一个球面三角形，对应到球面三角形余弦公式中，a 为圆弦 $\overset{\frown}{BC}$

对应的球心角∠BOC，用 τ'' 表示；b 为圆弦 $\overset{\frown}{CN}$ 对应的球心角∠NOC，等于 90°-φ；c 为圆弦 $\overset{\frown}{BN}$ 对应的球心角∠BOC，等于 90°-δ；A 为球面角∠BNC，由于 N 是北极点，∠BNC 等于 τ。

将这些参数代入式(3-23)第一式，得：

$$\cos\tau'' = \cos(90-\varphi)\cos(90-\delta) + \sin(90-\varphi)\sin(90-\delta)\cos\tau$$

即：

$$\cos\tau'' = \sin\varphi\sin\delta + \cos\varphi\cos\delta\cos\tau \tag{3-25}$$

从图 3-9 可以看出，太阳高度角与圆弦 $\overset{\frown}{BC}$ 对应的球心角 τ'' 的关系为：

$$h = 90 - \tau'' \tag{3-26}$$

将式(3-26)代入式(3-25)，得：

$$\cos(90-h) = \sin\varphi\sin\delta + \cos\varphi\cos\delta\cos\tau$$

即：

$$\sin h = \sin\varphi\sin\delta + \cos\varphi\cos\delta\cos\tau \tag{3-27}$$

式(3-27)为太阳高度角的计算表达式。

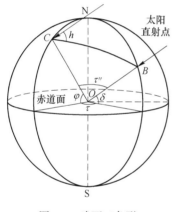

图 3-8　球面三角形

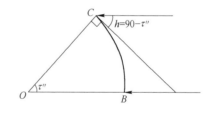

图 3-9　太阳高度角示意图

3.2.6.2　赤纬与目标点不处同一半球的情况

在图 3-10 中，BCN 构成了一个球面三角形，对应到球面三角形余弦公式中，a 为圆弦 $\overset{\frown}{BC}$ 对应的球心角∠BOC，用 τ'' 表示；b 为圆弦 $\overset{\frown}{CN}$ 对应的球心角∠NOC，等于 90°-φ；c 为圆弦 $\overset{\frown}{BN}$ 对应的球心角∠BOC，等于 90°-δ（δ 为负值）；A 为球面角∠BNC，由于 N 是北极点，故∠BNC 等于 τ。

将这些参数代入式(3-23)第一式，得：

$$\cos\tau'' = \cos(90-\varphi)\cos(90-\delta) + \sin(90-\varphi)\sin(90-\delta)\cos\tau$$

即：

$$\cos\tau'' = \sin\varphi\sin\delta + \cos\varphi\cos\delta\cos\tau \tag{3-28}$$

从图 3-11 可以看出，太阳高度角与圆弦 $\overset{\frown}{BC}$ 对应的球心角 τ'' 的关系为：

$$h = 90 - \tau'' \tag{3-29}$$

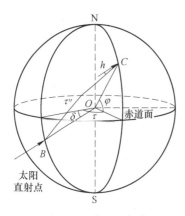

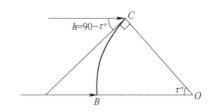

图 3-10　球面三角形　　　　　　　　　图 3-11　太阳高度角示意图

将式(3-29)代入式(3-28)，得：

$$\cos(90 - h) = \sin\varphi\sin\delta + \cos\varphi\cos\delta\cos\tau$$

即：

$$\sin h = \sin\varphi\sin\delta + \cos\varphi\cos\delta\cos\tau \tag{3-30}$$

比较式(3-27)和式(3-30)可以看出，不论赤纬与目标点在不在一个半球，太阳高度角的计算表达式是一样的，只是太阳赤纬与地理纬度都是采用正负号表示南北半球的情况。但有些参考文献中，将太阳赤纬与地理纬度均用正值表示，则太阳高度角计算式为：

$$\sin h = \sin\varphi\sin\delta \pm \cos\varphi\cos\delta\cos\tau \tag{3-31}$$

式中，太阳赤纬与地理纬度处在同一半球时，取"＋"号；处在不同的半球时，取"－"号。

例 3-2　试计算北纬 38°(φ)，东经 112°30′山西太原附近某地，1999 年 6 月 21 日上午 11 时（北京时）的太阳高度角。

解：在例 3-1 中计算的真太阳时为 10.475 时，合 10 时 29 分，则太阳时角为：

$$\tau = (12^h - 10^h 29^m) \times 15 = 22.75°$$

经相应计算，此时的太阳赤纬为 23.43°。

$$\sin h = \sin 38° \times \sin 23.43° + \cos 38° \times \cos 23.43° \times \cos 22.75° = 0.9116$$

通过求解逆三角正弦函数得到太阳高度角为 65.73°。

例 3-3　通常情况下，地点越偏东，时间越早。在我国范围内，新世纪的第一缕阳光是出现在浙江温岭的石塘，而不是出现在黑龙江抚远市乌苏里江与黑龙江汇合处。

解：日出和日落的时间太阳的高度角为 0，则由式(3-31)可知：

$$0 = \sin\varphi\sin\delta + \cos\varphi\cos\delta\cos\tau$$

即：

$$\cos\varphi\cos\delta\cos\tau = -\sin\varphi\sin\delta$$

则：

$$\cos\tau = -\tan\varphi\tan\delta \tag{3-32}$$

注意：负值为日出时角，正值为日落时角。

对于元旦来说，太阳赤纬 δ 是一定的（在南回归线上，约为−23°）。从式(3-32)可以看出，元旦时的日出时角就仅是地理纬度的函数。表 3-1 列出了元旦时刻部分纬度地区与日出时间关系表。

表 3-1　纬度与日出时间的关系表

纬度/(°)	日出时刻	纬度/(°)	日出时刻
20	6：35	38	7：17
22	6：39	40	7：23
24	6：43	42	7：30
26	6：47	44	7：36
28	6：52	46	7：44
30	6：56	48	7：52
32	7：01	50	8：01
34	7：06	52	8：11
36	7：11	54	8：23

　　黑龙江抚远市乌苏里江与黑龙江汇合处的地理纬度约为东经 135°、北纬 48°，而浙江温岭的石塘地处约为东经 122°、北纬 28°。虽然东经 135° 比 122° 在时间上提早了 52min，但北纬 28° 要比 48° 提早了 1h。所以经纬综合考虑，浙江温岭的石塘成为元旦期间日出最早的地方，其原理如图 3-12 所示。虽然图 3-12 中点 A 比点 B 时间早，但是点 B 此时先看见日出。

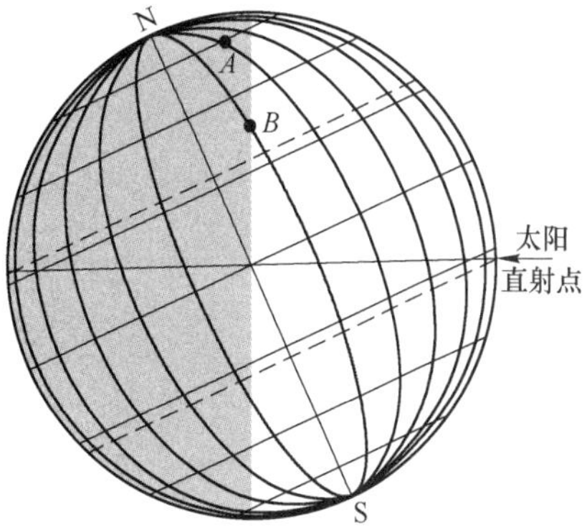

图 3-12　日出与纬度的关系

3.2.7　太阳方位角

　　太阳至地面上某点连线在地面上的投影与南向（当地子午线）之间的夹角（有些文献采用与正北方向的夹角称为太阳方位角）。方位角从正午算起，上午为负值，下午为正值。

　　注意：太阳高度角和方位角是表征太阳位置的参数，其示意图如图 3-13 所示。

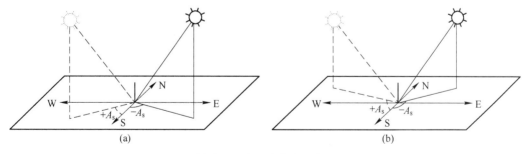

图 3-13　太阳方位角示意图
（a）上午情况；（b）下午情况

　　具体求解过程如下。

　　（1）解法 1。在图 3-14 中，NBC 构成了一个球面三角形，对应到球面三角形边的余弦公式中：a 为圆弦 $\overparen{BC}$ 对应的球心角 $\angle BOC$，用 τ'' 表示，并根据式（3-26）可知 $\tau''=90°-h$；

b 为圆弦 $\overset{\frown}{NC}$ 对应的球心角 $\angle NOC$，等于 $90°-\varphi$；c 为圆弦 $\overset{\frown}{NB}$ 对应的球心角 $\angle NOB$，等于 $90°-\delta$；C 为球面角 $\angle NCB$，以正南为参考，$\angle NCB=180-A_s$。

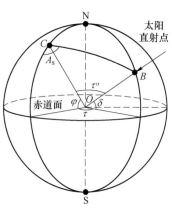

图 3-14　太阳方位角计算

将 a、b、c、C 代入式(3-23)第三式，得：

$$\cos(90-\delta)=\cos(90-h)\cos(90-\varphi)+$$
$$\sin(90-h)\sin(90-\varphi)\cos(180-A_s)$$

即：

$$\sin\delta=\sin h\sin\varphi+\cos h\cos\varphi(-\cos A_s)$$

所以

$$\cos A_s=\frac{\sin h\sin\varphi-\sin\delta}{\cos h\cos\varphi} \qquad (3-33)$$

（2）解法 2。在图 3-14 中，NBC 构成了一个球面三角形，对应到球面三角形正弦公式中：a 为圆弦 $\overset{\frown}{BC}$ 对应的球心角 $\angle BOC$，用 τ'' 表示，并根据式(3-26)可知 $\tau''=90°-h$；A 为球面角 $\angle BNC$，也就是 τ；c 为圆弦 $\overset{\frown}{NB}$ 对应的球心角 $\angle NOB$，等于 $90°-\delta$；C 为球面角 $\angle NCB$，以正南为参考，$\angle NCB=180-A_s$。

将 a、A、c、C 代入式(3-24)，得：

$$\frac{\sin(90-h)}{\sin\tau}=\frac{\sin(90-\delta)}{\sin(180-A_s)}$$

即：

$$\frac{\cos h}{\sin\tau}=\frac{\cos\delta}{\sin A_s}$$

所以

$$\sin A_s=\frac{\cos\delta\sin\tau}{\cos h} \qquad (3-34)$$

（3）解法 3。将式(3-34)除以式(3-33)，得：

$$\frac{\sin A_s}{\cos A_s}=\frac{\dfrac{\cos\delta\sin\tau}{\cos h}}{\dfrac{\sin h\sin\varphi-\sin\delta}{\cos h\cos\varphi}}$$

将式(3-30)代入，得：

$$\begin{aligned}
\tan A_s&=\frac{\cos\delta\sin\tau}{[(\sin\varphi\sin\delta+\cos\varphi\cos\delta\cos\tau)\sin\varphi-\sin\delta]/\cos\varphi}\\
&=\frac{\cos\delta\sin\tau}{(\sin^2\varphi\sin\delta+\sin\varphi\cos\varphi\cos\delta\cos\tau-\sin\delta)/\cos\varphi}\\
&=\frac{\cos\delta\sin\tau}{[(1-\cos^2\varphi)\sin\delta+\sin\varphi\cos\varphi\cos\delta\cos\tau-\sin\delta]/\cos\varphi}\\
&=\frac{\cos\delta\sin\tau}{(\sin\delta-\cos^2\varphi\sin\delta+\sin\varphi\cos\varphi\cos\delta\cos\tau-\sin\delta)/\cos\varphi}
\end{aligned}$$

$$= \frac{\cos\delta\sin\tau}{(\sin\varphi\cos\varphi\cos\delta\cos\tau - \cos^2\varphi\sin\delta)/\cos\varphi}$$

$$= \frac{\cos\delta\sin\tau}{\sin\varphi\cos\delta\cos\tau - \cos\varphi\sin\delta}$$

$$= \frac{\sin\tau}{\sin\varphi\cos\tau - \cos\varphi\tan\delta}$$

故

$$\tan A_{\mathrm{s}} = \frac{\sin\tau}{\sin\varphi\cos\tau - \cos\varphi\tan\delta} \tag{3-35}$$

3.3　图像目标阴影特征

图像中目标阴影具有阴影长短、方位等信息特征，这些信息特征与太阳赤纬、成像纬度、成像时间和太阳方位角具有直接的关系。因此，可以通过提取遥感影像中目标的阴影信息，对图像方位进行判定。

3.3.1　阴影方向与赤纬的关系

如果太阳直射点位于北半球，物体位于赤纬以北，北极圈以南［见图 3-15(a) 中点 A］，则物体的阴影偏向北；如果物体位于赤纬以南（即使是在北半球）［见图 3-15(a) 中点 B］，则物体阴影偏向南。

如果太阳直射点位于南半球，物体位于赤纬以南，南极圈以北［见图 3-15(b) 中点 A］，则物体的阴影偏向南；物体位于赤纬以北（即使是在南半球）［见图 3-15(b) 中点 B］，物体阴影也偏向南北。

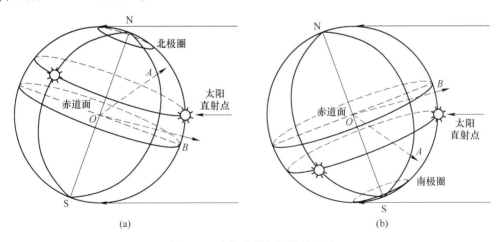

(a)　　　　　　　(b)

图 3-15　太阳赤纬与阴影的关系

3.3.2　阴影方向与时间的关系

由于地球的自转，太阳相对于地面点是自东向西地运动，这样就会引起物体阴影方向的变化。例如位于赤纬以北的物体［见图 3-15(a) 中点 A］，一天的阴影方向变化情况如

图 3-16(a) 所示。阴影方向由早上的西北方向，到当地时间正午的正北方向，再到傍晚的东北方向变化。

而图 3-15(b) 中的点 A 的正好与图 3-15(a) 中的点 A 相反，一天的阴影方向变化情况如图 3-16(b) 所示。阴影方向由早上的西南方向，到当地时间正午的正南方向，再到傍晚的东南方向变化。

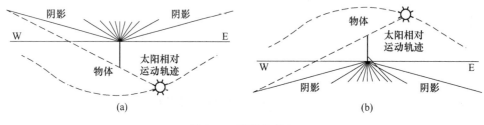

图 3-16　阴影的偏向

3.3.3　阴影方向与太阳方位角的关系

太阳方向线与真南（或真北）所夹的角度，就是太阳方位角。虽然我国基本以南向为参考，但有些文献中，太阳方位角、南半球太阳方位角采用太阳方向线与真北所夹的角度来表示，如图 3-17(a) 所示；北半球太阳方位角采用太阳方向线与真南所夹的角度来表示，如图 3-17(b) 所示。

由图 3-17 可知，阴影的反向延长线就是太阳的方向线，阴影方向与太阳方向线相差 180°。因此，只要掌握了太阳方向与阴影方向的变化规律，并从中求出太阳方位角，就可以利用阴影特征计算出遥感图像的真北方向。

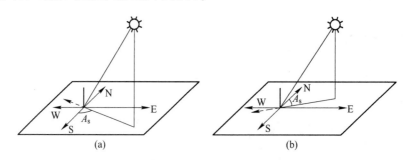

图 3-17　太阳方位角示意图

4 遥感构像方程

利用航空图像测量目标几何特性时，通常需要确定地面目标与相应的航空遥感影像之间的几何关系，这就需要建立航空遥感的成像数学模型。

4.1 像点坐标计算

像方空间坐标系一旦确定后，就可以确定坐标系中任何一点的坐标。但是数字图像是以离散点构成，相同的数字图像在不同的显示平台上或相同显示平台不同显示设置情况，显示的图像大小不同，故在显示的数字图像上确定像点坐标与传统光化底片或图像上确定像点坐标具有较大差别。

数字图像是由数字传感器直接获取的，数字传感器是由感光单元点排列组成，感光单元的点距为 d。由图像确定坐标值时，可以根据像点的行列坐标和感光单元的点距进行确定。

4.1.1 像平面坐标系坐标

一般与航线方向相近的行向或列向设置为 x 轴，为了说明方便，设图像朝上为飞行方向。从面阵 CCD 示意图可以看出（见图 4-1），若图像的飞行方向朝上，像平面坐标值可以由式(4-1)计算得到：

$$\begin{cases} x = (M_0 - m)d_x \\ y = (N_0 - n)d_y \end{cases} \tag{4-1}$$

式中，m、n 为像点在数字图像中的行列数；M_0、N_0 为数字图像的行列中心数；d_x、d_y 为数字图像的行列方向点距。

其中，M_0、N_0 为图像的行列中心点位置，由式(4-2)计算得到：

$$\begin{cases} M_0 = \dfrac{M + 1}{2} \\ N_0 = \dfrac{N + 1}{2} \end{cases} \tag{4-2}$$

式中，M、N 为数字图像的总行列数。

注意：（1）图像行列数起点从 1 开始计算，若图像的行列数起点从 0 开始计算，则不需要加 1；

（2）d_x 和 d_y 如果相等时，统一用 d 表示。

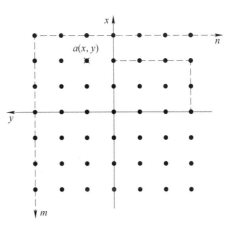

图 4-1　面阵 CCD 示意图

4.1.2　感光单元点距

感光单元的点距有时也称像元尺寸，例如当前航空遥感平台采用的感光单元为线阵，感光单元点距常见的为 13μm。有些航空遥感平台采用的面阵感光单元，CD 成像区域为 36mm×48mm，CCD 像元数为 4008×5344，CCD 像元尺寸横向和纵向均为 $\dfrac{36}{4008}\left(\text{或}\dfrac{48}{5344}\right)$，即 0.008982mm，约等于 9μm。

对于胶片或数字化图像，也可计算类似感光单元点距。由于一般数字化采样单位为 DPI，设数字化采样率为 pPPI，即每英寸采样 p 个像点（1 英寸 = 2.54cm）。

设照片放大率为 k，则采样时照片上 1 英寸（2.54cm）对应原始实际长度为 $\dfrac{2.54}{k}$cm，则：

$$\frac{d}{1} = \frac{\dfrac{2.54}{k}}{p}$$

类似的感光单元点距 $d(\text{cm})$ 的计算公式为：

$$d = \frac{2.54}{pk} \tag{4-3}$$

式中，p 为扫描分辨率，像素/英寸；k 为图像放大倍率。

或根据影像高或宽 l 和采样（或扫描）的像素点数 n 进行计算，式(4-3)可修改为：

$$d = \frac{l}{nk} \tag{4-4}$$

4.2　面阵影像构像方程

画幅式影像具有面中心投影的性质，其构像方程描述了摄影中心点 S、地面点和像点之间的共线关系。

4.2.1　基本构像方程

选取计划坐标系 $O\text{-}X_LY_LZ_L$ 及像空间辅助坐标系 $S\text{-}XYZ$，并使两种坐标系的坐标轴彼此平行，如图 4-2 所示。假设摄影中心点 S 与地面任意一点 A，在计划坐标系 $D\text{-}X_LY_LZ_L$ 中的坐标分别为 (X_S, Y_S, Z_S)（即外方位元中三个线元素）和 (X_A, Y_A, Z_A)，由于 $S\text{-}XYZ$ 与 $D\text{-}X_LY_LZ_L$ 只存在平移关系，则地面点 A 在像空间辅助坐标系 $S\text{-}XYZ$ 中的坐标为 $(X_A-X_S, Y_A-Y_S, Z_A-Z_S)$，而相应像点 a 在像空间辅助坐标系中的坐标为 (X, Y, Z)。

由于 S、a、A 三点共线，因此，从相似三角形关系得：

$$\frac{X}{X_A - X_S} = \frac{Y}{Y_A - Y_S} = \frac{Z}{Z_A - Z_S} = \frac{1}{\lambda} \tag{4-5}$$

式中，λ 为比例因子。

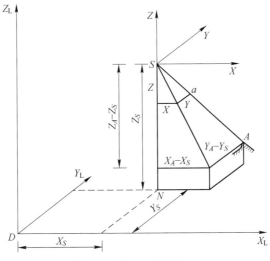

图 4-2 面中心投影构像

式(4-5)写成矩阵形式为:

$$\begin{bmatrix} X \\ Y \\ Z \end{bmatrix} = \frac{1}{\lambda} \begin{bmatrix} X_A - X_S \\ Y_A - Y_S \\ Z_A - Z_S \end{bmatrix} \tag{4-6}$$

将式(4-6)代入式(1-21),得:

$$\begin{bmatrix} x \\ y \\ -f \end{bmatrix} = \frac{1}{\lambda} \begin{bmatrix} a_1 & b_1 & c_1 \\ a_2 & b_2 & c_2 \\ a_3 & b_3 & c_3 \end{bmatrix} \begin{bmatrix} X_A - X_S \\ Y_A - Y_S \\ Z_A - Z_S \end{bmatrix} \tag{4-7}$$

即:

$$\begin{cases} x = \dfrac{1}{\lambda} [\, a_1(X_A - X_S) + b_1(Y_A - Y_S) + c_1(Z_A - Z_S) \,] \\[2mm] y = \dfrac{1}{\lambda} [\, a_2(X_A - X_S) + b_2(Y_A - Y_S) + c_2(Z_A - Z_S) \,] \\[2mm] -f = \dfrac{1}{\lambda} [\, a_3(X_A - X_S) + b_3(Y_A - Y_S) + c_3(Z_A - Z_S) \,] \end{cases} \tag{4-8}$$

用式(4-8)第三式分别除以第一式和第二式,得:

$$\begin{cases} x = -f \dfrac{a_1(X_A - X_S) + b_1(Y_A - Y_S) + c_1(Z_A - Z_S)}{a_3(X_A - X_S) + b_3(Y_A - Y_S) + c_3(Z_A - Z_S)} \\[3mm] y = -f \dfrac{a_2(X_A - X_S) + b_2(Y_A - Y_S) + c_2(Z_A - Z_S)}{a_3(X_A - X_S) + b_3(Y_A - Y_S) + c_3(Z_A - Z_S)} \end{cases} \tag{4-9}$$

式(4-9)为中心投影构像的基本公式(即共线方程),它是航空图像测量中最基本、最重要的公式。

由计划坐标系下的地面点 A 坐标(X_A, Y_A, Z_A)和摄影中心点 S 坐标(X_S, Y_S, Z_S),来确定像平面坐标系下的像点坐标(x, y)。也就是说,建立起了像平面坐标系下的像点与计划坐标系下的地面点之间的坐标关系。

另外，根据坐标转换矩阵的归一化正交特性，可得到：

$$\begin{bmatrix} X_A - X_S \\ Y_A - Y_S \\ Z_A - Z_S \end{bmatrix} = \lambda \begin{bmatrix} a_1 & a_2 & a_3 \\ b_1 & b_2 & b_3 \\ c_1 & c_2 & c_3 \end{bmatrix} \begin{bmatrix} x \\ y \\ -f \end{bmatrix} \tag{4-10}$$

即：

$$\begin{cases} X_A - X_S = \lambda(a_1 x + a_2 y - a_3 f) \\ Y_A - Y_S = \lambda(b_1 x + b_2 y - b_3 f) \\ Z_A - Z_S = \lambda(c_1 x + c_2 y - c_3 f) \end{cases} \tag{4-11}$$

用式(4-11)第一式和第二式分别除以第三式，得：

$$\begin{cases} X_A - X_S = (Z_A - Z_S) \dfrac{a_1 x + a_2 y - a_3 f}{c_1 x + c_2 y - c_3 f} \\ Y_A - Y_S = (Z_A - Z_S) \dfrac{b_1 x + b_2 y - b_3 f}{c_1 x + c_2 y - c_3 f} \end{cases} \tag{4-12}$$

式(4-12)也为中心投影构像的基本公式，一般将其看成由像平面坐标系下的像点坐标(x, y)来确定计划坐标系下的地面点A坐标(X_A, Y_A, Z_A)，即由像平面坐标系下的像点坐标确定计划坐标系下的地面点坐标。

4.2.2　状态参数解算方法

如果知道每张图像的6个外方位元素，就能恢复遥感图像与被遥感地面之间的几何相互关系，重建地面的立体模型。因此，利用重建的立体模型就可以提取目标的几何和物理信息。

但是许多情况下，没有记录成像时的外方位元素，或记录的外方位元素不够精确，无法用于计算。因此，如何获取像片的外方位元素，一直是遥感工作领域值得探讨的问题，其方法有：利用雷达、全球定位系统（GPS）、惯性导航系统（INS）及星象摄影机来获取像片的外方位元素；也可利用一定数量的地面控制点，根据共线方程，反求图像外方位元素。

目前，主要求解方法有经典解法、角锥体法和直接解法三种。

4.2.2.1　经典解法

经典解法也称为单张图像的空间后方交会，主要是利用地面控制点一次性求解出六个外方位元素。

A　基本方式

空间后方交会的数学模型是共线方程，即式(4-9)的中心投影构像方程。但是式(4-9)的构像方程是非线性函数，为了便于计算，需按泰勒级数展开，取一次项，使之线性化，得：

$$\begin{cases} x = (x) + \dfrac{\partial x}{\partial X_S} dX_S + \dfrac{\partial x}{\partial Y_S} dY_S + \dfrac{\partial x}{\partial Z_S} dZ_S + \dfrac{\partial x}{\partial \varphi} d\varphi + \dfrac{\partial x}{\partial \omega} d\omega + \dfrac{\partial x}{\partial \kappa} d\kappa - v_x \\ y = (y) + \dfrac{\partial y}{\partial X_S} dX_S + \dfrac{\partial y}{\partial Y_S} dY_S + \dfrac{\partial y}{\partial Z_S} dZ_S + \dfrac{\partial y}{\partial \varphi} d\varphi + \dfrac{\partial y}{\partial \omega} d\omega + \dfrac{\partial y}{\partial \kappa} d\kappa - v_y \end{cases} \tag{4-13}$$

式中，(x) 和 (y) 为函数（图像上的像点坐标）的近似值；ν_x、ν_y 为高阶无穷小量；dX_S、dY_S、dZ_S、$d\varphi$、$d\omega$、$d\kappa$ 为 6 个外方位元素的改正数，其系数为函数的偏导数。下面将系数的求法推演如下。

为书写方便，将共线方程中的分母、分子式为：

$$\begin{cases} \overline{X} = a_1(X_A - X_S) + b_1(Y_A - Y_S) + c_1(Z_A - Z_S) \\ \overline{Y} = a_2(X_A - X_S) + b_2(Y_A - Y_S) + c_2(Z_A - Z_S) \\ \overline{Z} = a_3(X_A - X_S) + b_3(Y_A - Y_S) + c_3(Z_A - Z_S) \end{cases} \tag{4-14}$$

各偏导数是系数，用新的符号表示，则：

$$a_{11} = \frac{\partial x}{\partial X_S} = \frac{\partial\left(-f\dfrac{\overline{X}}{\overline{Z}}\right)}{\partial X_S} = -f\frac{\dfrac{\partial(\overline{X})}{\partial X_S}\overline{Z} - \overline{X}\dfrac{\partial(\overline{Z})}{\partial X_S}}{(\overline{Z})^2}$$

$$= -f\frac{-a_1\overline{Z} + a_3\overline{X}}{(\overline{Z})^2} = \frac{a_1 f\overline{Z}}{(\overline{Z})^2} - a_3 f\frac{\overline{X}}{(\overline{Z})^2}$$

$$= \frac{1}{\overline{Z}}\left[a_1 f + a_3\left(-f\frac{\overline{X}}{\overline{Z}}\right)\right] = \frac{1}{\overline{Z}}(a_1 f + a_3 x)$$

按相似的步骤，得：

$$\begin{cases} a_{11} = \dfrac{\partial x}{\partial X_S} = \dfrac{1}{\overline{Z}}(a_1 f + a_3 x) \\[2ex] a_{12} = \dfrac{\partial x}{\partial Y_S} = \dfrac{1}{\overline{Z}}(b_1 f + b_3 x) \\[2ex] a_{13} = \dfrac{\partial x}{\partial Z_S} = \dfrac{1}{\overline{Z}}(c_1 f + c_3 x) \\[2ex] a_{21} = \dfrac{\partial y}{\partial X_S} = \dfrac{1}{\overline{Z}}(a_2 f + a_3 y) \\[2ex] a_{22} = \dfrac{\partial y}{\partial Y_S} = \dfrac{1}{\overline{Z}}(b_2 f + b_3 y) \\[2ex] a_{23} = \dfrac{\partial y}{\partial Z_S} = \dfrac{1}{\overline{Z}}(c_2 f + c_3 y) \end{cases} \tag{4-15}$$

$$\begin{cases} a_{14} = \dfrac{\partial x}{\partial \varphi} = -\dfrac{f}{(\bar{Z})^2}\left(\dfrac{\partial \bar{X}}{\partial \varphi}\bar{Z} - \dfrac{\partial \bar{Z}}{\partial \varphi}\bar{X}\right) \\[2em] a_{15} = \dfrac{\partial x}{\partial \omega} = -\dfrac{f}{(\bar{Z})^2}\left(\dfrac{\partial \bar{X}}{\partial \omega}\bar{Z} - \dfrac{\partial \bar{Z}}{\partial \omega}\bar{X}\right) \\[2em] a_{16} = \dfrac{\partial x}{\partial \kappa} = -\dfrac{f}{(\bar{Z})^2}\left(\dfrac{\partial \bar{X}}{\partial \kappa}\bar{Z} - \dfrac{\partial \bar{Z}}{\partial \kappa}\bar{X}\right) \\[2em] a_{24} = \dfrac{\partial y}{\partial \varphi} = -\dfrac{f}{(\bar{Z})^2}\left(\dfrac{\partial \bar{Y}}{\partial \varphi}\bar{Z} - \dfrac{\partial \bar{Z}}{\partial \varphi}\bar{Y}\right) \\[2em] a_{25} = \dfrac{\partial y}{\partial \omega} = -\dfrac{f}{(\bar{Z})^2}\left(\dfrac{\partial \bar{Y}}{\partial \omega}\bar{Z} - \dfrac{\partial \bar{Z}}{\partial \omega}\bar{Y}\right) \\[2em] a_{26} = \dfrac{\partial y}{\partial \kappa} = -\dfrac{f}{(\bar{Z})^2}\left(\dfrac{\partial \bar{Y}}{\partial \kappa}\bar{Z} - \dfrac{\partial \bar{Z}}{\partial \kappa}\bar{Y}\right) \end{cases} \tag{4-16}$$

由于

$$\begin{bmatrix} \bar{X} \\ \bar{Y} \\ \bar{Z} \end{bmatrix} = \begin{bmatrix} a_1 & b_1 & c_1 \\ a_2 & b_2 & c_2 \\ a_3 & b_3 & c_3 \end{bmatrix}\begin{bmatrix} X_A - X_S \\ Y_A - Y_S \\ Z_A - Z_S \end{bmatrix} = \boldsymbol{R}^{\mathrm{T}}\begin{bmatrix} X_A - X_S \\ Y_A - Y_S \\ Z_A - Z_S \end{bmatrix}$$

$$= \boldsymbol{R}_\kappa^{\mathrm{T}}\boldsymbol{R}_\omega^{\mathrm{T}}\boldsymbol{R}_\varphi^{\mathrm{T}}\begin{bmatrix} X_A - X_S \\ Y_A - Y_S \\ Z_A - Z_S \end{bmatrix} = \boldsymbol{R}_\kappa^{-1}\boldsymbol{R}_\omega^{-1}\boldsymbol{R}_\varphi^{-1}\begin{bmatrix} X_A - X_S \\ Y_A - Y_S \\ Z_A - Z_S \end{bmatrix}$$

所以

$$\frac{\partial}{\partial \varphi}\begin{bmatrix} \bar{X} \\ \bar{Y} \\ \bar{Z} \end{bmatrix} = \boldsymbol{R}_\kappa^{-1}\boldsymbol{R}_\omega^{-1}\frac{\partial \boldsymbol{R}_\varphi^{-1}}{\partial \varphi}\begin{bmatrix} X_A - X_S \\ Y_A - Y_S \\ Z_A - Z_S \end{bmatrix}$$

$$= \boldsymbol{R}_\kappa^{-1}\boldsymbol{R}_\omega^{-1}\boldsymbol{R}_\varphi^{-1}\boldsymbol{R}_\varphi\frac{\partial \boldsymbol{R}_\varphi^{-1}}{\partial \varphi}\begin{bmatrix} X_A - X_S \\ Y_A - Y_S \\ Z_A - Z_S \end{bmatrix} = \boldsymbol{R}^{-1}\boldsymbol{R}_\varphi\frac{\partial \boldsymbol{R}_\varphi^{-1}}{\partial \varphi}\begin{bmatrix} X_A - X_S \\ Y_A - Y_S \\ Z_A - Z_S \end{bmatrix} \tag{a}$$

而

$$\boldsymbol{R}_\varphi^{-1} = \boldsymbol{R}_\varphi^{\mathrm{T}} = \begin{bmatrix} \cos\varphi & 0 & \sin\varphi \\ 0 & 1 & 0 \\ -\sin\varphi & 0 & \cos\varphi \end{bmatrix}$$

则：

$$\boldsymbol{R}_{\varphi}\frac{\partial \boldsymbol{R}_{\varphi}^{-1}}{\partial \varphi} = \begin{bmatrix} \cos\varphi & 0 & -\sin\varphi \\ 0 & 1 & 0 \\ \sin\varphi & 0 & \cos\varphi \end{bmatrix}\begin{bmatrix} -\sin\varphi & 0 & \cos\varphi \\ 0 & 0 & 0 \\ -\cos\varphi & 0 & -\sin\varphi \end{bmatrix} = \begin{bmatrix} 0 & 0 & 1 \\ 0 & 0 & 0 \\ -1 & 0 & 0 \end{bmatrix}$$

代入式(a)，得：

$$\frac{\partial}{\partial \varphi}\begin{bmatrix} \overline{X} \\ \overline{Y} \\ \overline{Z} \end{bmatrix} = \begin{bmatrix} a_1 & b_1 & c_1 \\ a_2 & b_2 & c_2 \\ a_3 & b_3 & c_3 \end{bmatrix}\begin{bmatrix} 0 & 0 & 1 \\ 0 & 0 & 0 \\ -1 & 0 & 0 \end{bmatrix}\begin{bmatrix} X_A - X_S \\ Y_A - Y_S \\ Z_A - Z_S \end{bmatrix}$$

$$= \begin{bmatrix} a_1 & b_1 & c_1 \\ a_2 & b_2 & c_2 \\ a_3 & b_3 & c_3 \end{bmatrix}\begin{bmatrix} 0 & 0 & 1 \\ 0 & 0 & 0 \\ -1 & 0 & 0 \end{bmatrix}\begin{bmatrix} a_1 & a_2 & a_3 \\ b_1 & b_2 & b_3 \\ c_1 & c_2 & c_3 \end{bmatrix}\begin{bmatrix} \overline{X} \\ \overline{Y} \\ \overline{Z} \end{bmatrix}$$

$$= \begin{bmatrix} 0 & -b_3 & b_2 \\ b_3 & 0 & -b_1 \\ -b_2 & b_1 & 0 \end{bmatrix}\begin{bmatrix} \overline{X} \\ \overline{Y} \\ \overline{Z} \end{bmatrix} = \begin{bmatrix} -b_3\overline{Y} + b_2\overline{Z} \\ b_3\overline{X} - b_1\overline{Z} \\ -b_2\overline{X} + b_1\overline{Y} \end{bmatrix}$$

按相仿的方法，得：

$$\frac{\partial}{\partial \omega}\begin{bmatrix} \overline{X} \\ \overline{Y} \\ \overline{Z} \end{bmatrix} = \boldsymbol{R}_{\kappa}^{-1}\frac{\partial \boldsymbol{R}_{\omega}^{-1}}{\partial \omega}\boldsymbol{R}_{\varphi}^{-1}\begin{bmatrix} X_A - X_S \\ Y_A - Y_S \\ Z_A - Z_S \end{bmatrix} = \boldsymbol{R}_{\kappa}^{-1}\frac{\partial \boldsymbol{R}_{\omega}^{-1}}{\partial \omega}\boldsymbol{R}_{\omega}\boldsymbol{R}_{\kappa}\boldsymbol{R}_{\kappa}^{-1}\boldsymbol{R}_{\omega}^{-1}\boldsymbol{R}_{\varphi}^{-1}\begin{bmatrix} X_A - X_S \\ Y_A - Y_S \\ Z_A - Z_S \end{bmatrix}$$

$$= \boldsymbol{R}_{\kappa}^{-1}\begin{bmatrix} 0 & 0 & 0 \\ 0 & 0 & 1 \\ 0 & -1 & 0 \end{bmatrix}\boldsymbol{R}_{\kappa}\boldsymbol{R}^{-1}\begin{bmatrix} X_A - X_S \\ Y_A - Y_S \\ Z_A - Z_S \end{bmatrix} = \begin{bmatrix} \overline{Z}\sin\kappa \\ \overline{Z}\cos\kappa \\ -\overline{X}\sin\kappa - \overline{Y}\cos\kappa \end{bmatrix}$$

同理可得：

$$\frac{\partial}{\partial \kappa}\begin{bmatrix} \overline{X} \\ \overline{Y} \\ \overline{Z} \end{bmatrix} = \frac{\partial \boldsymbol{R}_{\kappa}^{-1}}{\partial \kappa}\boldsymbol{R}_{\omega}^{-1}\boldsymbol{R}_{\varphi}^{-1}\begin{bmatrix} X_A - X_S \\ Y_A - Y_S \\ Z_A - Z_S \end{bmatrix} = \frac{\partial \boldsymbol{R}_{\kappa}^{-1}}{\partial \kappa}\boldsymbol{R}_{\kappa}\boldsymbol{R}_{\kappa}^{-1}\boldsymbol{R}_{\omega}^{-1}\boldsymbol{R}_{\varphi}^{-1}\begin{bmatrix} X_A - X_S \\ Y_A - Y_S \\ Z_A - Z_S \end{bmatrix}$$

$$= \begin{bmatrix} 0 & 1 & 0 \\ -1 & 0 & 0 \\ 0 & 0 & 0 \end{bmatrix}\begin{bmatrix} a_1 & b_1 & c_1 \\ a_2 & b_2 & c_2 \\ a_3 & b_3 & c_3 \end{bmatrix}\begin{bmatrix} X_A - X_S \\ Y_A - Y_S \\ Z_A - Z_S \end{bmatrix} = \begin{bmatrix} \overline{Y} \\ -\overline{X} \\ 0 \end{bmatrix}$$

将上述偏导数代入式(4-16)，并利用有关表达式，经整理得：

$$\begin{cases} a_{14} = y\sin\omega - \left[\dfrac{x}{f}(x\cos\kappa - y\sin\kappa) + f\cos\kappa\right]\cos\omega \\[2mm] a_{15} = -f\sin\kappa - \dfrac{x}{f}(x\sin\kappa + y\cos\kappa) \\[2mm] a_{16} = y \\[2mm] a_{24} = -x\sin\omega - \left[\dfrac{y}{f}(x\cos\kappa - y\sin\kappa) - f\sin\kappa\right]\cos\omega \\[2mm] a_{25} = -f\cos\kappa - \dfrac{y}{f}(x\sin\kappa + y\cos\kappa) \\[2mm] a_{26} = -x \end{cases} \tag{4-17}$$

式(4-17)中系数，当已知地面点的地面坐标及相应的像点坐标和摄影机主距时，给定外方位元素的近似值后，均可计算得出。

在垂直遥感情况下，角元素都是小角（小于 3°），可用 $\varphi = \omega = \kappa = 0$ 和 $Z_A - Z_S = -H$ 代替，得到各系数的近似值为：

$$a_{11} = -\frac{f}{H}, \quad a_{12} = 0, \quad a_{13} = -\frac{x}{H}, \quad a_{14} = -f\left(1 + \frac{x^2}{f^2}\right),$$
$$a_{15} = -\frac{xy}{f}, \quad a_{16} = y, \quad a_{21} = 0, \quad a_{22} = -\frac{f}{H}, \tag{4-18}$$
$$a_{23} = -\frac{y}{H}, \quad a_{24} = -\frac{xy}{f}, \quad a_{25} = -f\left(1 + \frac{y^2}{f}\right), \quad a_{26} = -x$$

B　误差方程和法方程

利用式(4-13)及相应的系数计算公式求解外方位元素时，有 6 个未知数，至少需要 6 个方程。

由于每一对共轭点可列出两个方程，若有三个已知地面坐标控制点，则可列出 6 个方程，求解 6 个外方位元素改正数 dX_S、dY_S、dZ_S、$d\varphi$、$d\omega$、$d\kappa$。测量中为了提高精度，常有多余观测方程。

在空间后方交会中，通常是在像片的四个角上选取四个或更多的地面控制点，因而要用最小二乘法平差计算。

计算中，通常将控制点地面坐标系视为真值，把相应像点坐标视为观测值，加入相应改正数 v_x、v_y，得 $x + v_x$、$y + v_y$，代入式(4-13)可列出每个点的误差方程式，其一般形式为：

$$\begin{cases} v_x = \dfrac{\partial x}{\partial X_S}dX_S + \dfrac{\partial x}{\partial Y_S}dY_S + \dfrac{\partial x}{\partial Z_S}dZ_S + \dfrac{\partial x}{\partial \varphi}d\varphi + \dfrac{\partial x}{\partial \omega}d\omega + \dfrac{\partial x}{\partial \kappa}d\kappa + (x) - x \\[3mm] v_y = \dfrac{\partial y}{\partial X_S}dX_S + \dfrac{\partial y}{\partial Y_S}dY_S + \dfrac{\partial y}{\partial Z_S}dZ_S + \dfrac{\partial y}{\partial \varphi}d\varphi + \dfrac{\partial y}{\partial \omega}d\omega + \dfrac{\partial y}{\partial \kappa}d\kappa + (y) - y \end{cases}$$

或写成：

$$\begin{cases} v_x = a_{11}dX_S + a_{12}dY_S + a_{13}dZ_S + a_{14}d\varphi + a_{15}d\omega + a_{16}d\kappa - l_x \\[2mm] v_y = a_{21}dX_S + a_{22}dY_S + a_{23}dZ_S + a_{24}d\varphi + a_{25}d\omega + a_{26}d\kappa - l_y \end{cases} \tag{4-19}$$

式中，x、y 为像点坐标观测值；(x)和(y)为像点坐标计算得到的近似值。

$$\begin{cases} l_x = x - (x) = x + f\dfrac{a_1(X_A - X_S) + b_1(Y_A - Y_S) + c_1(Z_A - Z_S)}{a_3(X_A - X_S) + b_3(Y_A - Y_S) + c_3(Z_A - Z_S)} \\[3mm] l_y = y - (y) = y + f\dfrac{a_2(X_A - X_S) + b_2(Y_A - Y_S) + c_2(Z_A - Z_S)}{a_3(X_A - X_S) + b_3(Y_A - Y_S) + c_3(Z_A - Z_S)} \end{cases} \quad (4\text{-}20)$$

用矩阵形式表示为：

$$\boldsymbol{V}_i = \boldsymbol{A}_i \boldsymbol{X} - \boldsymbol{l}_i$$

式中，

$$\boldsymbol{V}_i = \begin{bmatrix} V_x & V_y \end{bmatrix}^T$$

$$\boldsymbol{A}_i = \begin{bmatrix} a_{11} & a_{12} & a_{13} & a_{14} & a_{15} & a_{16} \\ a_{21} & a_{22} & a_{23} & a_{24} & a_{25} & a_{26} \end{bmatrix}$$

$$\boldsymbol{X} = \begin{bmatrix} dX & dY & dZ & d\varphi & d\omega & d\kappa \end{bmatrix}^T$$

$$\boldsymbol{l}_i = \begin{bmatrix} l_x & l_y \end{bmatrix}^T$$

若有 n 个控制点，则可按式(4-19)列出 n 组误差方程式，构成总误差方程式：

$$\begin{bmatrix} V_{1x} \\ V_{1y} \\ \hdashline V_{2x} \\ V_{2y} \\ \hdashline \vdots \\ \hdashline V_{nx} \\ V_{ny} \end{bmatrix}_{2n\times 1} \begin{bmatrix} a_{111} & a_{112} & a_{113} & a_{114} & a_{115} & a_{116} \\ a_{121} & a_{122} & a_{123} & a_{124} & a_{125} & a_{126} \\ \hdashline a_{211} & a_{212} & a_{213} & a_{124} & a_{215} & a_{216} \\ a_{221} & a_{222} & a_{223} & a_{224} & a_{225} & a_{226} \\ \hdashline \vdots & \vdots & \vdots & \vdots & \vdots & \vdots \\ \hdashline a_{n11} & a_{n12} & a_{n13} & a_{n14} & a_{n15} & a_{n16} \\ a_{n21} & a_{n22} & a_{n23} & a_{n24} & a_{n25} & a_{26} \end{bmatrix}_{2n\times 6} \begin{bmatrix} dX \\ dY \\ dZ \\ d\varphi \\ d\omega \\ d\kappa \end{bmatrix}_{6\times 1} - \begin{bmatrix} l_{1x} \\ l_{1y} \\ \hdashline l_{2x} \\ l_{2y} \\ \hdashline \vdots \\ \hdashline l_{nx} \\ l_{ny} \end{bmatrix}_{2n\times 1}$$

即：
$$\boldsymbol{V} = \boldsymbol{AX} - \boldsymbol{L} \quad (4\text{-}21)$$

式中，
$$\boldsymbol{V} = \begin{bmatrix} \boldsymbol{V}_1 & \boldsymbol{V}_2 & \cdots & \boldsymbol{V}_n \end{bmatrix}^T$$
$$\boldsymbol{A} = \begin{bmatrix} \boldsymbol{A}_1 & \boldsymbol{A}_2 & \cdots & \boldsymbol{A}_n \end{bmatrix}^T$$
$$\boldsymbol{L} = \begin{bmatrix} \boldsymbol{l}_1 & \boldsymbol{l}_2 & \cdots & \boldsymbol{l}_n \end{bmatrix}^T$$

根据最小二乘法间接平差原理，可列出法方程式：
$$\boldsymbol{A}^T \boldsymbol{PAX} = \boldsymbol{A}^T \boldsymbol{PL} \quad (4\text{-}22)$$

式中，$\boldsymbol{P}$ 为观测值的权矩阵，反映观测值的量测精度。对所有像点坐标的观测值，一般认为是等精度量测，则 $\boldsymbol{P}$ 为单位矩阵，由此得到未知数表达式：
$$\boldsymbol{X} = (\boldsymbol{A}^T \boldsymbol{A})^{-1} \boldsymbol{A}^T \boldsymbol{L} \quad (4\text{-}23)$$

从而求出外方位元素近似值的改正数 dX_S、dY_S、dZ_S、$d\varphi$、$d\omega$、$d\kappa$。

由于式(4-19)中各系数取自泰勒级数展开式的一次项，而未知数的近似值往往是粗略的，因此计算必须通过逐渐趋近方法，即用近似值与改正数的和作为新的近似值，重复计算过程，求出新的改正数，这样反复趋近，直到改正数小于某一限值为止，最后得出 6 个外方位元素的解：

$$
\begin{cases}
X_S = X_{S_0} + \mathrm{d}X_{S_1} + \mathrm{d}X_{S_2} + \cdots \\
Y_S = Y_{S_0} + \mathrm{d}Y_{S_1} + \mathrm{d}Y_{S_2} + \cdots \\
Z_S = Z_{S_0} + \mathrm{d}Z_{S_1} + \mathrm{d}Z_{S_2} + \cdots \\
\varphi = \varphi_0 + \mathrm{d}\varphi_1 + \mathrm{d}\varphi_2 + \cdots \\
\omega = \omega_0 + \mathrm{d}\omega_1 + \mathrm{d}\omega_2 + \cdots \\
\kappa = \kappa_0 + \mathrm{d}\kappa_1 + \mathrm{d}\kappa_2 + \cdots
\end{cases}
\tag{4-24}
$$

C　计算过程

空间后方交会的求解过程如下。

（1）获取已知数据：查取内方位元素 x_0，y_0，焦距 f；平均航高 H，获取控制点地面测量坐标 $(X_t,\ Y_t,\ Z_t)$，并转化为计划坐标 $(X_L,\ Y_L,\ Z_L)$。

（2）量测控制点的像点坐标：将控制点标注在图像上，并经像主点坐标改正，得到像点坐标 $(x,\ y)$。

（3）确定未知数的初始值：在垂直摄影情况下，角元素的初始值为 0，即 $\varphi_0 = \omega_0 = \kappa_0 = 0$；线元素中，$Z_{S_0} = H$，$X_{S_0}$、$Y_{S_0}$ 的取值可用四个角上控制点坐标的平均值，即：

$$
X_{S_0} = \frac{1}{4}\sum_{i=1}^{4} X_{L_i},\quad Y_{S_0} = \frac{1}{4}\sum_{i=1}^{4} Y_{L_i}
\tag{4-25}
$$

（4）计算旋转矩阵 $\boldsymbol{R}$：利用角元素的近似值按照式（1-10）计算旋转矩阵 $\boldsymbol{R}$。

（5）逐点计算像点坐标的近似值：利用未知数的近似值按共线方程式（4-9）计算控制点像点坐标的近似值 (x) 和 (y)。

（6）组成误差方程式：按式（4-15）、式（4-17）和式（4-20）逐点计算误差方程式的系数和常数项。

（7）组成法方程式：计算法方程的系数矩阵 $\boldsymbol{A}^{\mathrm{T}}\boldsymbol{A}$ 与常数项 $\boldsymbol{A}^{\mathrm{T}}\boldsymbol{L}$。

（8）求解外方位元素：根据法方程，按式（4-23）解求外方位元素改正数，并按照式（4-24）计算得到外方位元素新的近似值。

（9）检查计算是否收敛：将计算得到的外方位元素改正数与规定的限差比较，如果小于限差则计算终止；否则用新得到的近似值重复第（4）~（8）步计算，直到满足要求为止。

4.2.2.2　角锥体法

角锥体法是一种独立求解线元素的有效方法，它是根据像方与物方空间所对应的光线束之夹角相等的原理，独立求解线元素，然后求解角元素。该方法有利于克服线元素与角元素之间的相关性。

A　基本方式

如图 4-3 所示，在像空间坐标系 $\mathrm{I}(O\text{-}x_1y_1z_1)$ 中，对于任意一对像点 i 和 $i{+}1$，其坐标

为$(x_i - x_0, y_i - y_0, -f)$和$(x_{i+1} - x_0, y_{i+1} - y_0, -f)$。对于计划坐标系 $L(O\text{-}X_L Y_L Z_L)$ 中，像点 i 和 $i+1$ 对应的地面点坐标分别为(X_i, Y_i, Z_i)和$(X_{i+1}, Y_{i+1}, Z_{i+1})$。

虽然，坐标值处在不同的坐标中，但是像方光线束向量 S_{p_1} 与 S_{p_2} 之间的夹角和相应的物方向量 S_{P_1} 与 S_{P_2} 之间的夹角相等，于是有：

$$\frac{S_{p_1} S_{p_2}}{|S_{p_1}||S_{p_2}|} = \frac{S_{P_1} \cdot S_{P_2}}{|S_{P_1}||S_{P_2}|} = \cos\theta_{12} = C_1 \tag{4-26}$$

显然这是一个已知值，它可由控制点的像点坐标求得，即：

$$C_i = \frac{(x_i - x_0)(x_{i+1} - x_0) + (y_i - y_0)(y_{i+1} - y_0) + f^2}{\sqrt{(x_i - x_0)^2 + (y_i - y_0)^2 + f^2}\sqrt{(x_{i+1} - x_0)^2 + (y_{i+1} - y_0)^2 + f^2}} \tag{4-27}$$

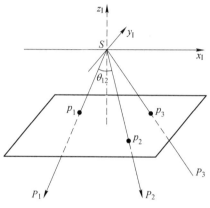

图 4-3　角锥体法

由此可得观测方程为：

$$C_i = \frac{S}{S_i S_{i+1}} \tag{4-28}$$

其中，

$$\begin{cases} S = (X_i - X_S)(X_{i+1} - X_S) + (Y_i - Y_S)(Y_{i+1} - Y_S) + (Z_i - Z_S)(Z_{i+1} - Z_S) \\ S_i = \sqrt{(X_i - X_S)^2 + (Y_i - Y_S)^2 + (Z_i - Z_S)^2} \\ S_{i+1} = \sqrt{(X_{i+1} - X_0)^2 + (Y_{i+1} - Y_0)^2 + (Z_{i+1} - Z_S)^2} \end{cases}$$

$$\tag{4-29}$$

对式(4-28)进行线性化，得：

$$C_i = C_0 + \frac{\partial C_i}{\partial X_S}\Delta X_S + \frac{\partial C_i}{\partial Y_S}\Delta Y_S + \frac{\partial C_i}{\partial Z_S}\Delta Z_S - \nu_i \tag{4-30}$$

得到误差方程，为：

$$\nu_i = b_1 \Delta X_S + b_2 \Delta Y_S + b_3 \Delta Z_S - l_i \tag{4-31}$$

其中，

$$b_1 = \frac{\partial C_i}{\partial X_S}, \ b_2 = \frac{\partial C_i}{\partial Y_S}, \ b_3 = \frac{\partial C_i}{\partial Z_S}, \ l_i = C_i - C_0$$

根据式(4-28)可知：

$$b_1 = \frac{\partial C_i}{\partial X_S} = \frac{\frac{\partial S}{\partial X_S}S_iS_{i+1}}{(S_iS_{i+1})^2} - \frac{S\frac{\partial(S_iS_{i+1})}{\partial X_S}}{(S_iS_{i+1})^2}$$

$$= \frac{[-(X_{i+1}-X_S)-(X_i-X_S)]S_iS_{i+1}}{(S_iS_{i+1})^2} - \frac{S\left(\frac{\partial S_i}{\partial X_S}S_{i+1}+S_i\frac{\partial S_{i+1}}{\partial X_S}\right)}{(S_iS_{i+1})^2}$$

$$= \frac{[-(X_{i+1}-X_S)-(X_i-X_S)]S_iS_{i+1}}{(S_iS_{i+1})^2} - \frac{S}{S_iS_{i+1}}\frac{S\left(\frac{\partial(S_i)}{\partial X_S}S_{i+1}+S_i\frac{\partial(S_{i+1})}{\partial X_S}\right)}{S_iS_{i+1}}$$

所以

$$b_1 = \frac{\partial C_i}{\partial X_S} = \frac{2X_S-X_{i+1}-X_i}{S_iS_{i+1}} - C_i\frac{\frac{\partial S_i}{\partial X_S}S_{i+1}+S_i\frac{\partial S_{i+1}}{\partial X_S}}{S_iS_{i+1}} \tag{4-32}$$

又因

$$\frac{\partial S_i}{\partial X_S} = \frac{\partial\sqrt{(X_i-X_S)^2+(Y_i-Y_S)^2+(Z_i-Z_S)^2}}{\partial X_S}$$

$$= \frac{1}{2}[(X_i-X_S)^2+(Y_i-Y_S)^2+(Z_i-Z_S)^2]^{\left(\frac{1}{2}-1\right)}\frac{\partial[(X_i-X_S)^2+(Y_i-Y_S)^2+(Z_i-Z_S)^2]}{\partial X_S}$$

$$= \frac{1}{2}\frac{1}{S_i}\frac{\partial[(X_i-X_S)^2]}{\partial X_S} = \frac{1}{2}\frac{1}{S_i}[-2(X_i-X_S)] = -\frac{X_i-X_S}{S_i}$$

所以

$$\frac{\partial S_i}{\partial X_S}S_{i+1} = -\frac{X_i-X_S}{S_i}S_{i+1} \tag{4-33}$$

同理可得：

$$S_i\frac{\partial S_{i+1}}{\partial X_S} = -\frac{X_{i+1}-X_S}{S_{i+1}}S_i \tag{4-34}$$

由式(4-33)和式(4-34)可知：

$$\frac{\frac{\partial S_i}{\partial X_S}S_{i+1}+S_i\frac{\partial S_{i+1}}{\partial X_S}}{S_iS_{i+1}} = \frac{-\frac{X_i-X_S}{S_i}S_{i+1}-\frac{X_{i+1}-X_S}{S_{i+1}}S_i}{S_iS_{i+1}} \tag{4-35}$$

$$= -\left(\frac{X_i-X_S}{S_i^2}+\frac{X_{i+1}-X_S}{S_{i+1}^2}\right)$$

将式(4-35)代入式(4-32)，得：

$$b_1 = \frac{\partial C_i}{\partial X_S} = \frac{2X_S-X_{i+1}-X_i}{S_iS_{i+1}} + \left(\frac{X_i-X_S}{S_i^2}+\frac{X_{i+1}-X_S}{S_{i+1}^2}\right)C_i \tag{4-36}$$

同理可得：

$$\begin{cases} b_1 = \dfrac{\partial C_i}{\partial X_S} = \dfrac{2X_S - X_{i+1} - X_i}{S_i S_{i+1}} + \left(\dfrac{X_i - X_S}{S_i^2} + \dfrac{X_{i+1} - X_S}{S_{i+1}^2} \right) C_i \\[3mm] b_2 = \dfrac{\partial C_i}{\partial Y_S} = \dfrac{2Y_S - Y_{i+1} - Y_i}{S_i S_{i+1}} + \left(\dfrac{Y_i - Y_S}{S_i^2} + \dfrac{Y_{i+1} - Y_S}{S_{i+1}^2} \right) C_i \\[3mm] b_3 = \dfrac{\partial C_i}{\partial Z_S} = \dfrac{2Z_S - Z_{i+1} - Z_i}{S_i S_{i+1}} + \left(\dfrac{Z_i - Z_S}{S_i^2} + \dfrac{Z_{i+1} - Z_S}{S_{i+1}^2} \right) C_i \end{cases} \quad (4\text{-}37)$$

误差方程可修改为：

$$\begin{aligned} \nu_i = & \left[\frac{2X_S - X_{i+1} - X_i}{S_i S_{i+1}} + \left(\frac{X_i - X_S}{S_i^2} + \frac{X_{i+1} - X_S}{S_{i+1}^2} \right) C_i \right] \Delta X_S + \\[2mm] & \left[\frac{2Y_S - Y_{i+1} - Y_i}{S_i S_{i+1}} + \left(\frac{Y_i - Y_S}{S_i^2} + \frac{Y_{i+1} - Y_S}{S_{i+1}^2} \right) C_i \right] \Delta Y_S + \\[2mm] & \left[\frac{2Z_S - Z_{i+1} - Z_i}{S_i S_{i+1}} + \left(\frac{Z_i - Z_S}{S_i^2} + \frac{Z_{i+1} - Z_S}{S_{i+1}^2} \right) C_i \right] \Delta Z_S - (C_i - C_0) \end{aligned} \quad (4\text{-}38)$$

式中，C_i 为像点计算得到的值；C_0 为物点计算得到的值。

将式(4-31)或式(4-38)用矩阵形式表示为：

$$\nu_i = B_i X - l_i$$

式中，

$$B_i = \begin{bmatrix} b_1 & b_2 & b_3 \end{bmatrix}$$

$$X = \begin{bmatrix} \Delta X_S & \Delta Y_S & \Delta Z_S \end{bmatrix}^T$$

B　误差方程和法方程

若有 n 个控制点，则可以构成 $\dfrac{n(n-1)}{2}$ 个方程，按照最小二乘法求解，可以得到传感器的位置 (X_S, Y_S, Z_S)。构成总误差方程式为：

$$\begin{pmatrix} \nu_1 \\ \nu_2 \\ \vdots \\ \nu_n \end{pmatrix}_{n \times 1} = \begin{bmatrix} b_{11} & b_{12} & b_{13} \\ b_{21} & b_{22} & b_{23} \\ \vdots & \vdots & \vdots \\ b_{n1} & b_{n2} & b_{n3} \end{bmatrix}_{n \times 3} \begin{bmatrix} \mathrm{d}X_S \\ \mathrm{d}Y_S \\ \mathrm{d}Z_S \end{bmatrix}_{3 \times 1} - \begin{bmatrix} l_1 \\ l_2 \\ \vdots \\ l_n \end{bmatrix}_{n \times 1}$$

写成矩阵形式为：

$$V = BX - L \quad (4\text{-}39)$$

式中，

$$V = \begin{bmatrix} \nu_1 & \nu_2 & \cdots & \nu_n \end{bmatrix}^T$$

$$B = \begin{bmatrix} B_1 & B_2 & \cdots & B_n \end{bmatrix}^T$$

$$\boldsymbol{L} = \begin{bmatrix} l_1 & l_2 & \cdots & l_n \end{bmatrix}^{\mathrm{T}}$$

根据最小二乘法间接平差原理，可列出法方程式：

$$\boldsymbol{B}^{\mathrm{T}}\boldsymbol{PBX} = \boldsymbol{B}^{\mathrm{T}}\boldsymbol{PL} \tag{4-40}$$

式中，$\boldsymbol{P}$ 为观测值的权矩阵，反映观测值的量测精度。对所有像点坐标的观测值，一般认为是等精度量测，则 $\boldsymbol{P}$ 为单位矩阵，由此得到未知数表达式：

$$\boldsymbol{X} = (\boldsymbol{B}^{\mathrm{T}}\boldsymbol{B})^{-1}\boldsymbol{B}^{\mathrm{T}}\boldsymbol{L} \tag{4-41}$$

从而求出外方位元素近似值的改正数 $\mathrm{d}X_S$、$\mathrm{d}Y_S$、$\mathrm{d}Z_S$。由于式(4-30)和式(4-41)中各系数取自泰勒级数展开式的一次项，而未知数的近似值往往是粗略的。因此，计算必须通过逐渐趋近方法，即用近似值与改正数的和作为新的近似值，重复计算过程，求出新的改正数，这样反复趋近，直到改正数小于某一限值为止，最后得出 3 个线元素的解：

$$\begin{cases} X_S = X_{S_0} + \mathrm{d}X_{S_1} + \mathrm{d}X_{S_2} + \cdots \\ Y_S = Y_{S_0} + \mathrm{d}Y_{S_1} + \mathrm{d}Y_{S_2} + \cdots \\ Z_S = Z_{S_0} + \mathrm{d}Z_{S_1} + \mathrm{d}Z_{S_2} + \cdots \end{cases} \tag{4-42}$$

C　线元素的初始值的获取

首先，要知道影像的地面空间分辨率 m，如果不知道，可以根据 n 个影像点之间的距离 d_i 和相应地面控制点之间的距离 D_i，计算影像的近似地面分辨率 m，即：

$$m = \frac{1}{n}\sum_{i=1}^{n}\frac{D_i}{d_i} \tag{4-43}$$

外方位元素的近似值可以利用地面控制点的坐标来计算，即：

$$\begin{cases} X_S^0 = \dfrac{1}{n}\displaystyle\sum_{i=1}^{n} X_i \\[3mm] Y_S^0 = \dfrac{1}{n}\displaystyle\sum_{i=1}^{n} Y_i \\[3mm] Z_S^0 = \dfrac{1}{n}\displaystyle\sum_{i=1}^{n} Z_i + mf \end{cases} \tag{4-44}$$

D　角元素求解

方法 1

外方位元素的线元素由前面计算已得到的情况下，视 X_S、Y_S、Z_S 均为常数，故 $\mathrm{d}X_S$、$\mathrm{d}Y_S$、$\mathrm{d}Z_S$ 均为零。所以式(4-19)可简写成：

$$\begin{cases} \nu_x = a_{14}\mathrm{d}\varphi + a_{15}\mathrm{d}\omega + a_{16}\mathrm{d}\kappa - l_x \\ \nu_y = a_{24}\mathrm{d}\varphi + a_{25}\mathrm{d}\omega + a_{26}\mathrm{d}\kappa - l_y \end{cases} \tag{4-45}$$

式中，a_{14}、a_{15}、a_{16}、a_{24}、a_{25}、a_{26} 同式(4-19)；l_x 和 l_y 同式(4-20)。如果有 n 个控制点，则可按式(4-45)列出 n 组误差方程式，构成的总误差方程为：

$$\begin{bmatrix} \nu_{1x} \\ \nu_{1y} \\ \hdashline \nu_{2x} \\ \nu_{2y} \\ \vdots \\ \nu_{nx} \\ \nu_{ny} \end{bmatrix}_{2n \times 1} = \begin{bmatrix} a_{114} & a_{115} & a_{116} \\ a_{124} & a_{125} & a_{126} \\ \hdashline a_{214} & a_{215} & a_{216} \\ a_{224} & a_{225} & a_{226} \\ \vdots & \vdots & \vdots \\ a_{n14} & a_{n15} & a_{n16} \\ a_{n24} & a_{n25} & n_{26} \end{bmatrix}_{2n \times 3} \begin{bmatrix} \mathrm{d}\varphi \\ \mathrm{d}\omega \\ \mathrm{d}\kappa \end{bmatrix}_{3 \times 1} - \begin{bmatrix} l_{1x} \\ l_{1y} \\ \hdashline l_{2x} \\ l_{2y} \\ \vdots \\ l_{nx} \\ l_{ny} \end{bmatrix}_{2n \times 1}$$

可简写成：

$$V = AX - L \tag{4-46}$$

根据最小二乘法间接平差原理，得到未知数表达式：

$$X = (A^{\mathrm{T}}A)^{-1} A^{\mathrm{T}}L \tag{4-47}$$

从而求出外方位元素近似值的改正数 $\mathrm{d}\varphi$、$\mathrm{d}\omega$、$\mathrm{d}\kappa$。由式(4-45)中各系数取自泰勒级数展开式的一次项，而未知数的近似值往往是粗略的。

因此，计算必须通过逐渐趋近方法，即用近似值与改正数的和作为新的近似值，重复计算过程，求出新的改正数，这样反复趋近，直到改正数小于某一限值为止，最后得出 6 个外方位元素的解：

$$\begin{cases} \varphi = \varphi_0 + \mathrm{d}\varphi_1 + \mathrm{d}\varphi_2 + \cdots \\ \omega = \omega_0 + \mathrm{d}\omega_1 + \mathrm{d}\omega_2 + \cdots \\ \kappa = \kappa_0 + \mathrm{d}\kappa_1 + \mathrm{d}\kappa_2 + \cdots \end{cases} \tag{4-48}$$

方法 2

共线方程另一种表达为：

$$\begin{bmatrix} a_1 & a_2 & a_3 \\ b_1 & b_2 & b_3 \\ c_1 & c_2 & c_3 \end{bmatrix} \begin{bmatrix} x \\ y \\ -f \end{bmatrix} = \frac{1}{\lambda} \begin{bmatrix} X - X_S \\ Y - Y_S \\ Z - Z_S \end{bmatrix} \tag{4-49}$$

即：

$$\begin{bmatrix} a_1 & a_2 & a_3 \\ b_1 & b_2 & b_3 \\ c_1 & c_2 & c_3 \end{bmatrix} \begin{bmatrix} \lambda x \\ \lambda y \\ -\lambda f \end{bmatrix} = \begin{bmatrix} X - X_S \\ Y - Y_S \\ Z - Z_S \end{bmatrix} \tag{4-50}$$

式中，λ 为比例因子，是物点至摄影中心的距离与相应像点至投影中心距离之比值，即：

$$\lambda = \frac{\sqrt{(X - X_S)^2 + (Y - Y_S)^2 + (Z - Z_S)^2}}{\sqrt{(x - x_0)^2 + (y - y_0)^2 + f^2}} \tag{4-51}$$

取 3 个不在同一直在线的控制点，列出方程：

$$\begin{bmatrix} a_1 & a_2 & a_3 \\ b_1 & b_2 & b_3 \\ c_1 & c_2 & c_3 \end{bmatrix} \begin{bmatrix} \lambda_1 x_1 & \lambda_2 x_2 & \lambda_3 x_3 \\ \lambda_1 y_1 & \lambda_2 y_2 & \lambda_3 y_3 \\ -\lambda_1 f & -\lambda_2 f & -\lambda_3 f \end{bmatrix} = \begin{bmatrix} X_1 - X_S & X_2 - X_S & X_3 - X_S \\ Y_1 - Y_S & Y_2 - Y_S & Y_3 - Y_S \\ Z_1 - Z_S & Z_2 - Z_S & Z_3 - Z_S \end{bmatrix} \tag{4-52}$$

则:

$$\begin{bmatrix} a_1 & a_2 & a_3 \\ b_1 & b_2 & b_3 \\ c_1 & c_2 & c_3 \end{bmatrix} = \begin{bmatrix} X_1 - X_S & X_2 - X_S & X_3 - X_S \\ Y_1 - Y_S & Y_2 - Y_S & Y_3 - Y_S \\ Z_1 - Z_S & Z_2 - Z_S & Z_3 - Z_S \end{bmatrix} \begin{bmatrix} \lambda_1 x_1 & \lambda_2 x_2 & \lambda_3 x_3 \\ \lambda_1 y_1 & \lambda_2 y_2 & \lambda_3 y_3 \\ -\lambda_1 f & -\lambda_2 f & -\lambda_3 f \end{bmatrix}^{-1} \tag{4-53}$$

利用方向余弦与角元素的关系, 就能够解算出 3 个角元素, 即:

$$\begin{cases} \alpha = \arctan\left(-\dfrac{a_3}{c_3}\right) \\[3mm] \omega = \arcsin(-b_3) \\[3mm] \kappa = \arctan\left(\dfrac{b_1}{b_2}\right) \end{cases} \tag{4-54}$$

方法 3

由式(4-52)可知:

$$\begin{cases} a_1 \lambda_1 x_1 + a_2 \lambda_1 y_1 - a_3 f \lambda_1 = X_1 - X_S \\ b_1 \lambda_1 x_1 + b_2 \lambda_1 y_1 - b_3 f \lambda_1 = Y_1 - Y_S \\ c_1 \lambda_1 x_1 + c_2 \lambda_1 y_1 - c_3 f \lambda_1 = Z_1 - Z_S \end{cases} \tag{4-55}$$

如有 n 对控制点, 可列出 n 组如式(4-55)的方程组。将 n 组方程叠加起来, 可得:

$$\begin{cases} a_1 \sum \lambda_i x_i + a_2 \sum \lambda_i y_i - a_3 f \sum \lambda_i = \sum (X_i - X_S) \\ b_1 \sum \lambda_i x_i + b_2 \sum \lambda_i y_i - b_3 f \sum \lambda_i = \sum (Y_i - Y_S) \\ c_1 \sum \lambda_i x_i + c_2 \sum \lambda_i y_i - c_3 f \sum \lambda_i = \sum (Z_i - Z_S) \end{cases} \tag{4-56}$$

对式(4-56)两边分别乘以 X_i、Y_i, 得:

$$\begin{cases} a_1 \sum X_i \lambda_i x_i + a_2 \sum X_i \lambda_i y_i - a_3 f \sum X_i \lambda_i = \sum X_i (X_i - X_S) \\ b_1 \sum X_i \lambda_i x_i + b_2 \sum X_i \lambda_i y_i - b_3 f \sum X_i \lambda_i = \sum X_i (Y_i - Y_S) \\ c_1 \sum X_i \lambda_i x_i + c_2 \sum X_i \lambda_i y_i - c_3 f \sum X_i \lambda_i = \sum X_i (Z_i - Z_S) \end{cases} \tag{4-57}$$

$$\begin{cases} a_1 \sum Y_i \lambda_i x_i + a_2 \sum Y_i \lambda_i y_i - a_3 f \sum Y_i \lambda_i = \sum Y_i (X_i - X_S) \\ b_1 \sum Y_i \lambda_i x_i + b_2 \sum Y_i \lambda_i y_i - b_3 f \sum Y_i \lambda_i = \sum Y_i (Y_i - Y_S) \\ c_1 \sum Y_i \lambda_i x_i + c_2 \sum Y_i \lambda_i y_i - c_3 f \sum Y_i \lambda_i = \sum Y_i (Z_i - Z_S) \end{cases} \tag{4-58}$$

将式(4-56)~式(4-58)综合, 矩阵形式为:

$$AX = B \tag{4-59}$$

其中,

$$X = \begin{bmatrix} a_1 \\ a_2 \\ a_3 \\ b_1 \\ b_2 \\ b_3 \\ c_1 \\ c_2 \\ c_3 \end{bmatrix}, \quad B = \begin{bmatrix} \sum(X_i - X_S) \\ \sum(Y_i - Y_S) \\ \sum(Z_i - Z_S) \\ \sum X_i(X_i - X_S) \\ \sum X_i(Y_i - Y_S) \\ \sum X_i(Z_i - Z_S) \\ \sum Y_i(X_i - X_S) \\ \sum Y_i(Y_i - Y_S) \\ \sum Y_i(Z_i - Z_S) \end{bmatrix},$$

$$A = \begin{bmatrix} \sum \lambda_i x_i & \sum \lambda_i y_i & -f\sum \lambda_i & 0 & 0 & 0 & 0 & 0 & 0 \\ 0 & 0 & 0 & \sum \lambda_i x_i & \sum \lambda_i y_i & -f\sum \lambda_i & 0 & 0 & 0 \\ 0 & 0 & 0 & 0 & 0 & 0 & \sum \lambda_i x_i & \sum \lambda_i y_i & -f\sum \lambda_i \\ \sum X_i\lambda_i x_i & \sum X_i\lambda_i y_i & -f\sum X_i\lambda_i & 0 & 0 & 0 & 0 & 0 & 0 \\ 0 & 0 & 0 & \sum X_i\lambda_i x_i & \sum X_i\lambda_i y_i & -f\sum X_i\lambda_i & 0 & 0 & 0 \\ 0 & 0 & 0 & 0 & 0 & 0 & \sum X_i\lambda_i x_i & \sum X_i\lambda_i y_i & -f\sum X_i\lambda_i \\ \sum Y_i\lambda_i x_i & \sum Y_i\lambda_i y_i & -f\sum Y_i\lambda_i & 0 & 0 & 0 & 0 & 0 & 0 \\ 0 & 0 & 0 & \sum Y_i\lambda_i x_i & \sum Y_i\lambda_i y_i & -f\sum Y_i\lambda_i & 0 & 0 & 0 \\ 0 & 0 & 0 & 0 & 0 & 0 & \sum Y_i\lambda_i x_i & \sum Y_i\lambda_i y_i & -f\sum Y_i\lambda_i \end{bmatrix}$$

则：

$$X = A^{-1}B \tag{4-60}$$

求出坐标转换矩阵中的 9 个元素 a_1、a_2、a_3、b_1、b_2、b_3、c_1、c_2、c_3 后，再利用式 (4-54) 算出 3 个角元素。

4.2.2.3 距离解法

距离求解的基本思想是，首先求出传感器中心到地面控制点的距离，然后求出传感器中心的位置与影像方位。

A 摄影中心 S 至各地面控制点的距离 S_i 的求解

摄影中心 S 至各地面控制点的距离 S_i 示意图如图 4-4 所示。任意两个地面控制点与摄影中心 S 构成一个三角形，以 A、B 两个控制点为例，可以根据三角形余弦公式列出方程：

$$D_{AB}^2 = S_A^2 + S_B^2 - 2S_A S_B \cos(\angle ASB) \tag{4-61}$$

$$\cos(\angle ASB) = \cos(\angle aSb) = \frac{D_{Sa}^2 + D_{Sb}^2 - D_{ab}^2}{2D_{Sa}D_{Sb}} \tag{4-62}$$

将式 (4-61) 泰勒级数展开（第一项为 0 次项的近

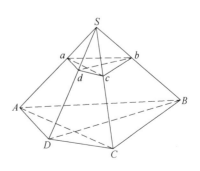

图 4-4 角锥体示意图

似值)，得：

$$D_{AB}^2 = (D_{AB}^0)^2 + 2[S_A - S_B\cos(\angle ASB)]dS_A + 2[S_B - S_A\cos(\angle ASB)]dS_B - \nu$$

$$(4\text{-}63)$$

误差方程为：

$$\nu = 2[S_A - S_B\cos(\angle ASB)]dS_A + 2[S_B - S_A\cos(\angle ASB)]dS_B - [D_{AB}^2 - (D_{AB}^0)^2]$$

$$(4\text{-}64)$$

可简写成：

$$\nu_{AB} = a_{AB}dS_A + b_{AB}dS_B - l_{AB} \tag{4-65}$$

对于 n 个地面控制点，可以列出 C_n^2 个误差方程，比如 4 对控制点为：

$$\begin{bmatrix} \nu_{AB} \\ \nu_{AC} \\ \nu_{AD} \\ \nu_{BC} \\ \nu_{BD} \\ \nu_{CD} \end{bmatrix} = \begin{bmatrix} a_{AB} & b_{AB} & 0 & 0 \\ a_{AC} & 0 & b_{AC} & 0 \\ a_{AD} & 0 & 0 & b_{AD} \\ 0 & a_{BC} & b_{BC} & 0 \\ 0 & a_{BD} & 0 & b_{BD} \\ 0 & 0 & a_{CD} & b_{CD} \end{bmatrix} \begin{bmatrix} dS_A \\ dS_B \\ dS_C \\ dS_D \end{bmatrix} - \begin{bmatrix} l_{AB} \\ l_{AC} \\ l_{AD} \\ l_{BC} \\ l_{BD} \\ l_{CD} \end{bmatrix} \tag{4-66}$$

矩阵形式为：

$$\underset{\frac{n\times(n-1)}{2}\times 1}{\boldsymbol{V}} = \underset{\frac{n\times(n-1)}{2}\times n}{\boldsymbol{B}} \underset{n\times 1}{\boldsymbol{X}} - \underset{\frac{n\times(n-1)}{2}\times 1}{\boldsymbol{L}} \tag{4-67}$$

利用间接平差即可解算出摄影中心至各控制点的距离 S_i 的修正值 $\boldsymbol{X}$，即$[dS_A, dS_B, \cdots]$。其计算公式为：

$$\boldsymbol{X} = (\boldsymbol{B}^T\boldsymbol{B})^{-1}(\boldsymbol{B}^T\boldsymbol{L}) \tag{4-68}$$

然后用近似值与改正数的和作为新的近似值，重复计算过程，求出新的改正数，这样反复趋近，直到改正数小于某一限值为止，最后得出真解。

式(4-66)中，摄影中心 S 距各控制点的初始距离 S_A、S_B 等，可以由摄影中心至其相应的像点距离乘以比例系数 m 得出：

$$S_A = m\sqrt{(x_a - x_0)^2 + (y_a - y_0)^2 + f^2} = mD_{S_a} \tag{4-69}$$

比例系数 m 可以设置一个大于 0 的常数，其计算公式为：

$$m = \frac{\sum_{i=1}^{n}\left(\frac{D_i}{d_i}\right)}{n} \tag{4-70}$$

式中，d_i 为所有 n 个像点之间距离；D_i 为相应地面控制点之间的距离，如式（4-71）计算：

$$\begin{cases} (D_{AB}^0)^2 = S_A^2 + S_B^2 - 2S_AS_B\cos(\angle ASB) \\ D_{AB}^2 = (X_A - X_B)^2 - (Y_A - Y_B)^2 - (Z_A - Z_B)^2 \end{cases} \tag{4-71}$$

B 误差方程

地面控制点(X_i, Y_i, Z_i)距摄影中心 S 坐标(X_S, Y_S, Z_S)的距离 S_i 为：

$$S_i^2 = (X_i - X_S)^2 + (Y_i - Y_S)^2 + (Z_i - Z_S)^2 \tag{4-72}$$

假设控制点坐标无误差，则距离泰勒级数展开（第一项为 0 次项的近似值），得：

$$S_i^2 = (S_i^0)^2 - 2(X_i - X_S)dX_S - 2(Y_i - Y_S)dY_S - 2(Z_i - Z_S)dZ_S - \nu \quad (4-73)$$

式中，
$$(S_S^0)^2 = (X_i - X_S^0)^2 + (Y_i - Y_S^0)^2 + (Z_i - Z_S^0)^2 \quad (4-74)$$

根据式(4-73)可以列出误差方程：

$$\nu = -2(X_i - X_S)dX_S - 2(Y_i - Y_S)dY_S - 2(Z_i - Z_S)dZ_S - [S_i^2 - (S_i^0)^2] \quad (4-75)$$

可简写为：
$$\nu = b_1 dX_S + b_2 dY_S + b_3 dZ_S - l \quad (4-76)$$

式中，$b_1 = -2(X_i - X_S)$，$b_2 = -2(Y_i - Y_S)$，$b_3 = -2(Z_i - Z_S)$，$l = S_i^2 - (S_i^0)^2$。

对于 n 个地面控制点，可以列出 n 个误差方程：

$$\begin{bmatrix} \nu_1 \\ \nu_2 \\ \vdots \\ \nu_n \end{bmatrix} = \begin{bmatrix} b_{11} & b_{12} & b_{13} \\ b_{21} & b_{22} & b_{23} \\ \vdots & \vdots & \vdots \\ b_{n1} & b_{n2} & b_{n3} \end{bmatrix} \begin{bmatrix} dX_S \\ dY_S \\ dZ_S \end{bmatrix} - \begin{bmatrix} l_1 \\ l_2 \\ \vdots \\ l_n \end{bmatrix} \quad (4-77)$$

矩阵形式为：

$$\underset{n \times 1}{\boldsymbol{V}} = \underset{n \times 3}{\boldsymbol{B}} \ \underset{3 \times 1}{\boldsymbol{X}} - \underset{n \times 1}{\boldsymbol{L}} \quad (4-78)$$

利用间接平差即可解算出外方位三个线元素的修正值 X，即 (dX_S, dY_S, dZ_S)。其计算公式为：

$$X = (\boldsymbol{B}^{\mathrm{T}}\boldsymbol{B})^{-1}(\boldsymbol{B}^{\mathrm{T}}\boldsymbol{L}) \quad (4-79)$$

然后用近似值与改正数的和作为新的近似值，重复计算过程，求出新的改正数，这样反复趋近，直到改正数小于某一限值为止，最后得出真解。

C 计算过程

距离求解法的求解过程如图 4-5 所示。

4.2.2.4 直接解法

直接解法和距离求解的基本思想基本相同，首先求出传感器中心到地面控制点的距离，然后求出传感器中心的位置与影像方位。直接解法示意图如图 4-6 所示。

A 基本方式

从图 4-6 可知：

$$\begin{cases} x_i = S_i \cos\beta_i \sin\alpha_i \\ y_i = S_i \sin\beta_i \\ z_i = S_i \cos\beta_i \cos\alpha_i \end{cases} \quad (4-80)$$

由式(1-3)可知：

$$\begin{bmatrix} x \\ y \\ -f \end{bmatrix} = \boldsymbol{T}^{\mathrm{T}} \begin{bmatrix} X \\ Y \\ Z \end{bmatrix} = \begin{bmatrix} a_1 & b_1 & c_1 \\ a_2 & b_2 & c_2 \\ a_3 & b_3 & c_3 \end{bmatrix} \begin{bmatrix} X_i - X_S \\ Y_i - Y_S \\ Z_i - Z_S \end{bmatrix} \quad (4-81)$$

将式(4-80)代入，得：

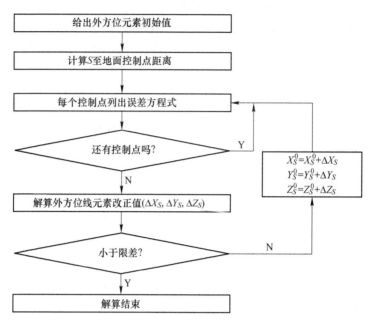

图 4-5   外方位元素解算流程图

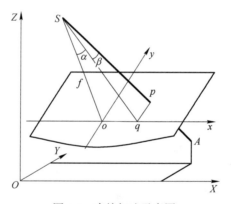

图 4-6   直接解法示意图

$$\begin{bmatrix} S_i\cos\beta_i\sin\alpha_i \\ S_i\sin\beta_i \\ S_i\cos\beta_i\cos\alpha_i \end{bmatrix} = \boldsymbol{T}\begin{bmatrix} X_i - X_S \\ Y_i - Y_S \\ Z_i - Z_S \end{bmatrix} \tag{4-82}$$

由于 $\boldsymbol{R}$ 是一个正交旋转矩阵，可以由反对称矩阵组成：

$$\boldsymbol{T} = (\boldsymbol{E} - \boldsymbol{Q})^{-1}(\boldsymbol{E} + \boldsymbol{Q}) \tag{4-83}$$

其中，
$$\boldsymbol{Q} = \begin{bmatrix} 0 & -c & b \\ c & 0 & -a \\ -b & a & 0 \end{bmatrix} \tag{4-84}$$

将式(4-83)代入式(4-82)，得：

$$\begin{bmatrix} S_i\cos\beta_i\sin\alpha_i \\ S_i\sin\beta_i \\ S_i\cos\beta_i\cos\alpha_i \end{bmatrix} = (\boldsymbol{E} - \boldsymbol{Q})^{-1}(\boldsymbol{E} + \boldsymbol{Q})\begin{bmatrix} X_i - X_S \\ Y_i - Y_S \\ Z_i - Z_S \end{bmatrix} \tag{4-85}$$

即：

$$(\boldsymbol{E} - \boldsymbol{Q})\begin{bmatrix} S_i\cos\beta_i\sin\alpha_i \\ S_i\sin\beta_i \\ S_i\cos\beta_i\cos\alpha_i \end{bmatrix} = (\boldsymbol{E} + \boldsymbol{Q})\begin{bmatrix} X_i - X_S \\ Y_i - Y_S \\ Z_i - Z_S \end{bmatrix}$$

$$\begin{bmatrix} S_i\cos\beta_i\sin\alpha_i \\ S_i\sin\beta_i \\ S_i\cos\beta_i\cos\alpha_i \end{bmatrix} - \boldsymbol{Q}\begin{bmatrix} S_i\cos\beta_i\sin\alpha_i \\ S_i\sin\beta_i \\ S_i\cos\beta_i\cos\alpha_i \end{bmatrix} = \begin{bmatrix} X_i - X_S \\ Y_i - Y_S \\ Z_i - Z_S \end{bmatrix} + \boldsymbol{Q}\begin{bmatrix} X_i - X_S \\ Y_i - Y_S \\ Z_i - Z_S \end{bmatrix}$$

$$\begin{bmatrix} S_i\cos\beta_i\sin\alpha_i \\ S_i\sin\beta_i \\ S_i\cos\beta_i\cos\alpha_i \end{bmatrix} - \boldsymbol{Q}\begin{bmatrix} S_i\cos\beta_i\sin\alpha_i \\ S_i\sin\beta_i \\ S_i\cos\beta_i\cos\alpha_i \end{bmatrix} = \begin{bmatrix} X_i \\ Y_i \\ Z_i \end{bmatrix} - \begin{bmatrix} X_S \\ Y_S \\ Z_S \end{bmatrix} + \boldsymbol{Q}\begin{bmatrix} X_i \\ Y_i \\ Z_i \end{bmatrix} - \boldsymbol{Q}\begin{bmatrix} X_S \\ Y_S \\ Z_S \end{bmatrix}$$

进一步推导，可得：

$$\begin{bmatrix} S_i\cos\beta_i\sin\alpha_i \\ S_i\sin\beta_i \\ S_i\cos\beta_i\cos\alpha_i \end{bmatrix} - \begin{bmatrix} X_i \\ Y_i \\ Z_i \end{bmatrix} = \boldsymbol{Q}\begin{bmatrix} S_i\cos\beta_i\sin\alpha_i \\ S_i\sin\beta_i \\ S_i\cos\beta_i\cos\alpha_i \end{bmatrix} + \boldsymbol{Q}\begin{bmatrix} X_i \\ Y_i \\ Z_i \end{bmatrix} - \begin{bmatrix} X_S \\ Y_S \\ Z_S \end{bmatrix} - \boldsymbol{Q}\begin{bmatrix} X_S \\ Y_S \\ Z_S \end{bmatrix}$$

$$= \boldsymbol{Q}\begin{bmatrix} S_i\cos\beta_i\sin\alpha_i + X_i \\ S_i\sin\beta_i + Y_i \\ S_i\cos\beta_i\cos\alpha_i + Z_i \end{bmatrix} - (\boldsymbol{E} + \boldsymbol{Q})\begin{bmatrix} X_S \\ Y_S \\ Z_S \end{bmatrix} \tag{4-86}$$

将 $\boldsymbol{Q}$ 代入，得：

$$\begin{bmatrix} S_i\cos\beta_i\sin\alpha_i \\ S_i\sin\beta_i \\ S_i\cos\beta_i\cos\alpha_i \end{bmatrix} - \begin{bmatrix} X_i \\ Y_i \\ Z_i \end{bmatrix} = \begin{bmatrix} 0 & -c & b \\ c & 0 & -a \\ -b & a & 0 \end{bmatrix}\begin{bmatrix} S_i\cos\beta_i\sin\alpha_i + X_i \\ S_i\sin\beta_i + Y_i \\ S_i\cos\beta_i\cos\alpha_i + Z_i \end{bmatrix} - \begin{bmatrix} 1 & -c & b \\ c & 1 & -a \\ -b & a & 1 \end{bmatrix}\begin{bmatrix} X_S \\ Y_S \\ Z_S \end{bmatrix}$$

$$\begin{bmatrix} S_i\cos\beta_i\sin\alpha_i - X_i \\ S_i\sin\beta_i - Y_i \\ S_i\cos\beta_i\cos\alpha_i - Z_i \end{bmatrix} = \begin{bmatrix} -cS_i\sin\beta_i - cY_i + bS_i\cos\beta_i\cos\alpha_i + bZ_i \\ cS_i\cos\beta_i\sin\alpha_i + cX_i - aS_i\cos\beta_i\cos\alpha_i - aZ_i \\ -bS_i\cos\beta_i\sin\alpha_i - bX_i + aS_i\sin\beta_i + aY_i \end{bmatrix} - \begin{bmatrix} 1 & -c & b \\ c & 1 & -a \\ -b & a & 1 \end{bmatrix}\begin{bmatrix} X_S \\ Y_S \\ Z_S \end{bmatrix}$$

$$= -\begin{bmatrix} 1 & -c & b \\ c & 1 & -a \\ -b & a & 1 \end{bmatrix}\begin{bmatrix} X_S \\ Y_S \\ Z_S \end{bmatrix} +$$

$$\begin{bmatrix} 0 & S_i\cos\beta_i\cos\alpha_i + Z_i & -S_i\sin\beta_i - Y_i \\ -S_i\cos\beta_i\cos\alpha_i - Z_i & 0 & S_i\cos\beta_i\sin\alpha_i + X_i \\ S_i\sin\beta_i + Y_i & -S_i\cos\beta_i\sin\alpha_i - X_i & 0 \end{bmatrix}\begin{bmatrix} a \\ b \\ c \end{bmatrix} \tag{4-87}$$

设

$$\begin{bmatrix} U \\ V \\ W \end{bmatrix} = -\begin{bmatrix} 1 & -c & b \\ c & 1 & -a \\ -b & a & 1 \end{bmatrix}\begin{bmatrix} X_S \\ Y_S \\ Z_S \end{bmatrix} \quad (4\text{-}88)$$

将式(4-88)代入式(4-87)，得：

$$\begin{bmatrix} S_i\cos\beta_i\sin\alpha_i - X_i \\ S_i\sin\beta_i - Y_i \\ S_i\cos\beta_i\cos\alpha_i - Z_i \end{bmatrix} = \begin{bmatrix} U \\ V \\ W \end{bmatrix} +$$

$$\begin{bmatrix} 0 & S_i\cos\beta_i\cos\alpha_i + Z_i & -S_i\sin\beta_i - Y_i \\ -S_i\cos\beta_i\cos\alpha_i - Z_i & 0 & S_i\cos\beta_i\sin\alpha_i + X_i \\ S_i\sin\beta_i + Y_i & -S_i\cos\beta_i\sin\alpha_i - X_i & 0 \end{bmatrix}\begin{bmatrix} a \\ b \\ c \end{bmatrix} \quad (4\text{-}89)$$

将式(4-89)可改写为：

$$\begin{bmatrix} S_i\cos\beta_i\sin\alpha_i - X_i \\ S_i\sin\beta_i - Y_i \\ S_i\cos\beta_i\cos\alpha_i - Z_i \end{bmatrix} = \begin{bmatrix} 1 & 0 & 0 & 0 & S_i\cos\beta_i\cos\alpha_i + Z_i & -S_i\sin\beta_i - Y_i \\ 0 & 1 & 0 & -S_i\cos\beta_i\cos\alpha_i - Z_i & 0 & S_i\cos\beta_i\sin\alpha_i + X_i \\ 0 & 0 & 1 & S_i\sin\beta_i + Y_i & -S_i\cos\beta_i\sin\alpha_i - X_i & 0 \end{bmatrix}\begin{bmatrix} U \\ V \\ W \\ a \\ b \\ c \end{bmatrix}$$

$$(4\text{-}90)$$

一般可以选择大于6对控制点，采用整体平差方式求解。也可以从控制点方程中选取 6个，构成方程组为：

$$\begin{bmatrix} S_1\cos\beta_1\sin\alpha_1 - X_1 \\ S_1\sin\beta_1 - Y_1 \\ S_1\cos\beta_1\cos\alpha_1 - Z_1 \\ S_2\cos\beta_2\sin\alpha_2 - X_2 \\ S_2\sin\beta_2 - Y_2 \\ S_2\cos\beta_2\cos\alpha_2 - Z_2 \end{bmatrix} = \begin{bmatrix} 1 & 0 & 0 & 0 & S_1\cos\beta_1\cos\alpha_1 + Z_1 & -S_1\sin\beta_1 - Y_1 \\ 0 & 1 & 0 & -S_1\cos\beta_1\cos\alpha_1 - Z_1 & 0 & S_1\cos\beta_1\sin\alpha_1 + X_1 \\ 0 & 0 & 1 & S_1\sin\beta_1 + Y_1 & -S_1\cos\beta_1\sin\alpha_1 - X_1 & 0 \\ 1 & 0 & 0 & 0 & S_2\cos\beta_2\cos\alpha_2 + Z_2 & -S_2\sin\beta_2 - Y_2 \\ 0 & 1 & 0 & -S_2\cos\beta_2\cos\alpha_2 - Z_2 & 0 & S_2\cos\beta_2\sin\alpha_2 + X_2 \\ 0 & 0 & 1 & S_2\sin\beta_2 + Y_2 & -S_2\cos\beta_2\sin\alpha_2 - X_2 & 0 \end{bmatrix}\begin{bmatrix} U \\ V \\ W \\ a \\ b \\ c \end{bmatrix}$$

$$(4\text{-}91)$$

求解式(4-91)可以得到外方位3个角元素 a、b 和 c，以及辅助参数 U、V 和 W，进而 可以求得6个外方位元素。

B 角元素求解

将 a、b 和 c 代入式(4-83)和式(4-84)，得：

$$T = \begin{bmatrix} 1 & c & -b \\ -c & 1 & a \\ b & -a & 1 \end{bmatrix}^{-1}\begin{bmatrix} 1 & -c & b \\ c & 1 & -a \\ -b & a & 1 \end{bmatrix} \quad (4\text{-}92)$$

即：

$$T = \frac{1}{1 + a^2 + b^2 + c^2} \begin{bmatrix} 1 + a^2 & ab - c & ac + b \\ ab + c & 1 + b^2 & bc - a \\ ac - b & bc + a & 1 + c^2 \end{bmatrix} \begin{bmatrix} 1 & -c & b \\ c & 1 & -a \\ -b & a & 1 \end{bmatrix}$$

所以

$$T = \frac{1}{1 + a^2 + b^2 + c^2} \begin{bmatrix} 1 + a^2 - b^2 - c^2 & 2ab - 2c & 2ac + 2b \\ 2ab + 2c & 1 - a^2 + b^2 - c^2 & 2bc - 2a \\ 2ac - 2b & 2bc + 2a & 1 - a^2 - b^2 + c^2 \end{bmatrix} \quad (4\text{-}93)$$

由式(4-81)可知：

$$T = \frac{1}{1 + a^2 + b^2 + c^2} \begin{bmatrix} 1 + a^2 - b^2 - c^2 & 2ab - 2c & 2ac + 2b \\ 2ab + 2c & 1 - a^2 + b^2 - c^2 & 2bc - 2a \\ 2ac - 2b & 2bc + 2a & 1 - a^2 - b^2 + c^2 \end{bmatrix} = \begin{bmatrix} a_1 & b_1 & c_1 \\ a_2 & b_2 & c_2 \\ a_3 & b_3 & c_3 \end{bmatrix}$$

$$(4\text{-}94)$$

利用方向余弦与外方位元素角元素的关系，根据式(4-95)就能够解算出外方位元素中的3个角元素，即：

$$\begin{cases} \alpha = \arctan\left(-\frac{a_3}{c_3}\right) = \arctan\left(-\frac{2ac - 2b}{1 - a^2 - b^2 + c^2}\right) \\[3mm] \omega = \arcsin(-b_3) = \arcsin\left(-\frac{2bc + 2a}{1 + a^2 + b^2 + c^2}\right) \\[3mm] \kappa = \arctan\left(\frac{b_1}{b_2}\right) = \arctan\left(\frac{2ab - 2c}{1 - a^2 + b^2 - c^2}\right) \end{cases} \quad (4\text{-}95)$$

C　线元素求解

由式(4-88)可得：

$$\begin{bmatrix} X_S \\ Y_S \\ Z_S \end{bmatrix} = - \begin{bmatrix} 1 & -c & b \\ c & 1 & -a \\ -b & a & 1 \end{bmatrix}^{-1} \begin{bmatrix} U \\ V \\ W \end{bmatrix} \quad (4\text{-}96)$$

因为

$$\begin{bmatrix} 1 & -c & b \\ c & 1 & -a \\ -b & a & 1 \end{bmatrix}^{-1} = \frac{1}{1 + a^2 + b^2 + c^2} \begin{bmatrix} 1 + a^2 & ab + c & ac - b \\ ab - c & 1 + b^2 & bc + a \\ ac + b & bc - a & 1 + c^2 \end{bmatrix} \quad (4\text{-}97)$$

将式(4-97)代入式(4-96)，得：

$$\begin{bmatrix} X_S \\ Y_S \\ Z_S \end{bmatrix} = \frac{-1}{1 + a^2 + b^2 + c^2} \begin{bmatrix} 1 + a^2 & ab + c & ac - b \\ ab - c & 1 + b^2 & bc + a \\ ac + b & bc - a & 1 + c^2 \end{bmatrix} \begin{bmatrix} U \\ V \\ W \end{bmatrix} \quad (4\text{-}98)$$

即：

$$\begin{cases} X_S = -\dfrac{(1+a^2)U + (ab+c)V + (ac-b)W}{1+a^2+b^2+c^2} \\ Y_S = -\dfrac{(ab-c)U + (1+b^2)V + (bc+a)W}{1+a^2+b^2+c^2} \\ Z_S = -\dfrac{(ac+b)U + (bc-a)V + (1+c^2)W}{1+a^2+b^2+c^2} \end{cases} \tag{4-99}$$

4.2.3 简化构像方程

若以摄影中心点 S 为坐标原点，从图4-2中可看出，$X_S = Y_S = Z_S = 0$。此时 $Z_A = -(H-h)$，所以式(4-9)和式(2-12)可以分别简化为：

$$\begin{cases} x = -f\dfrac{a_1 X_A + b_1 Y_A - c_1(H-h)}{a_3 X_A + b_3 Y_A - c_3(H-h)} \\ y = -f\dfrac{a_2 X_A + b_2 Y_A - c_2(H-h)}{a_3 X_A + b_3 Y_A - c_3(H-h)} \end{cases} \tag{4-100}$$

$$\begin{cases} X_A = -(H-h)\dfrac{a_1 x + a_2 y - a_3 f}{c_1 x + c_2 y - c_3 f} \\ Y_A = -(H-h)\dfrac{b_1 x + b_2 y - b_3 f}{c_1 x + c_2 y - c_3 f} \end{cases} \tag{4-101}$$

式中，a_j、b_j、c_j $(j=1, 2, 3)$ 由式(2-16)确定。

若以机平坐标系 $F(S\text{-}X_F Y_F Z_F)$ 为参考，则不需要考虑遥感平台的偏航角。以摄影中心点 S 为坐标原点，则 $X_S = Y_S = Z_S = 0$。此时 $Z_A = -(H-h)$，所以式(4-100)和式(4-101)可进一步简化为：

$$\begin{cases} x = -f\dfrac{a_1 X_A - c_1(H-h)}{a_3 X_A + b_3 Y_A - c_3(H-h)} \\ y = -f\dfrac{a_2 X_A + b_2 Y_A - c_2(H-h)}{a_3 X_A + b_3 Y_A - c_3(H-h)} \end{cases} \tag{4-102}$$

$$\begin{cases} X_A = (h-H)\dfrac{a_1 x + a_2 y - a_3 f}{c_1 x + c_2 y - c_3 f} \\ Y_A = (h-H)\dfrac{b_2 y - b_3 f}{c_1 x + c_2 y - c_3 f} \end{cases} \tag{4-103}$$

若遥感平台平稳飞行，即 $\varphi = \omega = \kappa = 0$，则 $a_1 = b_2 = c_3 = 1$、$a_2 = a_3 = b_1 = b_3 = c_1 = c_2 = 0$，式(4-102)和式(4-103)可进一步简化为：

$$\begin{cases} x = \dfrac{f}{H-h}X_A \\ y = \dfrac{f}{H-h}Y_A \end{cases} \tag{4-104}$$

$$\begin{cases} X_A = \dfrac{H-h}{f}x \\[4mm] Y_A = \dfrac{H-h}{f}y \end{cases} \tag{4-105}$$

4.3 线阵推扫影像构像方程

线阵推扫式即顺迹扫描式，基本采用线性阵列推扫方式成像，每一行对应一个状态。

4.3.1 基本构像方程

顺迹扫描式成像原理如图 4-7 所示，每一行影像却服从中心投影构像方程。

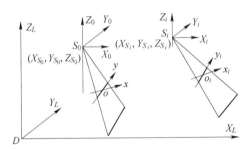

图 4-7 线阵推扫影像构像

故对某一行影像来说，根据面中心投影方程式(4-9)和式(4-12)，可得线中心投影方程为：

$$\begin{cases} x_i = 0 = -f\dfrac{a_{1i}(X_A - X_{S_i}) + b_{1i}(Y_A - Y_{S_i}) + c_{1i}(Z_A - Z_{S_i})}{a_{3i}(X_A - X_{S_i}) + b_{3i}(Y_A - Y_{S_i}) + c_{3i}(Z_A - Z_{S_i})} \\[6mm] y_i = -f\dfrac{a_{2i}(X_A - X_{S_i}) + b_{2i}(Y_A - Y_{S_i}) + c_{2i}(Z_A - Z_{S_i})}{a_{3i}(X_A - X_{S_i}) + b_{3i}(Y_A - Y_{S_i}) + c_{3i}(Z_A - Z_{S_i})} \end{cases} \tag{4-106}$$

$$\begin{cases} X_A - X_{S_i} = (Z_A - Z_{S_i})\dfrac{a_{2i}y_i - a_{3i}f}{c_2 y_i - c_3 f} \\[5mm] Y_A - Y_{S_i} = (Z_A - Z_{S_i})\dfrac{b_{2i}y_i - b_{3i}f}{c_{2i}y_i - c_{3i}f} \end{cases} \tag{4-107}$$

式中，f 为相机焦距；X_{S_i}、Y_{S_i}、Z_{S_i} 为 l_i 行的摄影中心坐标；a_{ji}、b_{ji}、c_{ji} （$j=1$，2，3）为由 l_i 行的外方位元素 α_i、ω_i、κ_i 所确定的转换矩阵中的 9 个元素，其表达式为：

$$\begin{cases} a_{1i} = \cos\varphi_i\cos\kappa_i - \sin\varphi_i\sin\omega_i\sin\kappa_i \\ a_{2i} = -\cos\varphi_i\sin\kappa_i - \sin\varphi_i\sin\omega_i\cos\kappa_i \\ a_{3i} = -\sin\varphi_i\cos\omega_i \\ b_{1i} = \cos\omega_i\sin\kappa_i \\ b_{2i} = \cos\omega_i\cos\kappa_i \\ b_{3i} = -\sin\omega_i \\ c_{1i} = \sin\varphi_i\cos\kappa_i + \cos\varphi_i\sin\omega_i\sin\kappa_i \\ c_{2i} = -\sin\varphi_i\sin\kappa_i + \cos\varphi_i\sin\omega_i\cos\kappa_i \\ c_{3i} = \cos\varphi_i\cos\omega_i \end{cases} \tag{4-108}$$

虽然不同行外方位元素不同，但在航空遥感平台运行速度姿态相对平稳时，t_i 时刻的外方位元素 X_{S_i}、Y_{S_i}、Z_{S_i}、φ_i、ω_i、κ_i 的表达式为：

$$\begin{cases} X_{S_i} = X_{S_0} + (t_i - t_0)X_S' = X_{S_0} + tX_S' \\ Y_{S_i} = Y_{S_0} + (t_i - t_0)Y_S' = Y_{S_0} + tY_S' \\ Z_{S_i} = Z_{S_0} + (t_i - t_0)Z_S' = Z_{S_0} + tZ_S' \\ \varphi_i = \varphi_0 + (t_i - t_0)\varphi' = \varphi_0 + t\varphi' \\ \omega_i = \omega_0 + (t_i - t_0)\omega' = \omega_0 + t\omega' \\ \kappa_i = \kappa_0 + (t_i - t_0)\kappa' = \kappa_0 + t\kappa' \end{cases} \tag{4-109}$$

式中，X_{S_0}、Y_{S_0}、Z_{S_0}、φ_0、ω_0、κ_0 为影像上中心行的外方位元素；X_S'、Y_S'、Z_S'、φ'、ω'、κ' 为外方位元素的一阶变化率。如果不同扫描行的外方位元素用式(4-109)近似表达，则式(4-106)和式(4-107)包含了该图像的 12 个外方位元素，其中 6 个是影像中心行的外方位元素 X_{S_0}、Y_{S_0}、Z_{S_0}、φ_0、ω_0、κ_0，另外 6 个是外方位元素的一阶变化率 X_S'、Y_S'、Z_S'、φ'、ω'、κ' 如(4-110)和式(4-111)所示。

$$\begin{cases} x_i = 0 = -f\dfrac{a_{1i}[X_A - (X_{S_0}+tX_S')] + b_{1i}[Y_A - (Y_{S_0}+tY_S')] + c_{1i}[Z_A - (Z_{S_0}+tZ_S')]}{a_{3i}[X_A - (X_{S_0}+tX_S')] + b_{3i}[Y_A - (Y_{S_0}+tY_S')] + c_{3i}[Z_A - (Z_{S_0}+tZ_S')]} \\ y_i = -f\dfrac{a_{2i}[X_A - (X_{S_0}+tX_S')] + b_{2i}[Y_A - (Y_{S_0}+tY_S')] + c_{2i}[Z_A - (Z_{S_0}+tZ_S')]}{a_{3i}[X_A - (X_{S_0}+tX_S')] + b_{3i}[Y_A - (Y_{S_0}+tY_S')] + c_{3i}[Z_A - (Z_{S_0}+tZ_S')]} \end{cases} \tag{4-110}$$

$$\begin{cases} X_A - (X_{S_0}+tX_S') = [Z_A - (Z_{S_0}+tZ_S')]\dfrac{a_{2i}y_i - a_{3i}f}{c_{2i}y_i - c_{3i}f} \\ Y_A - (Y_{S_0}+tY_S') = [Z_A - (Z_{S_0}+tZ_S')]\dfrac{b_{2i}y_i - b_{3i}f}{c_{2i}y_i - c_{3i}f} \end{cases} \tag{4-111}$$

4.3.2   状态参数解算方法

由式(4-110)所示，构像方程是一个非线性函数，为便于计算，需按泰勒级数展开，取一次项使之线性化，并考虑到对已知的控制点存在 $dX_{A_i} = dY_{A_i} = dZ_{A_i} = 0$，可得到误差方程：

$$
\left\{
\begin{aligned}
x_i &= (x_i) + \frac{\partial x}{\partial X_{S_0}}\mathrm{d}X_{S_0} + \frac{\partial x}{\partial Y_{S_0}}\mathrm{d}Y_{S_0} + \frac{\partial x}{\partial Z_{S_0}}\mathrm{d}Z_{S_0} + \frac{\partial x}{\partial \varphi_0}\mathrm{d}\varphi_0 + \frac{\partial x}{\partial \omega_0}\mathrm{d}\omega_0 + \frac{\partial x}{\partial \kappa_0}\mathrm{d}\kappa_0 + \\
&\quad \frac{\partial x}{\partial X'_S}\mathrm{d}X'_S + \frac{\partial x}{\partial Y'_S}\mathrm{d}Y'_S + \frac{\partial x}{\partial Z'_S}\mathrm{d}Z'_S + \frac{\partial x}{\partial \varphi'}\mathrm{d}\varphi' + \frac{\partial x}{\partial \omega'}\mathrm{d}\omega' + \frac{\partial x}{\partial \kappa'}\mathrm{d}\kappa' - \nu_{x_i} \\
y_i &= (y_i) + \frac{\partial y}{\partial X_{S_0}}\mathrm{d}X_{S_0} + \frac{\partial y}{\partial Y_{S_0}}\mathrm{d}Y_{S_0} + \frac{\partial y}{\partial Z_{S_0}}\mathrm{d}Z_{S_0} + \frac{\partial y}{\partial \varphi_0}\mathrm{d}\varphi_0 + \frac{\partial y}{\partial \omega_0}\mathrm{d}\omega_0 + \frac{\partial y}{\partial \kappa_0}\mathrm{d}\kappa_0 + \\
&\quad \frac{\partial y}{\partial X'_S}\mathrm{d}X'_S + \frac{\partial y}{\partial Y'_S}\mathrm{d}Y'_S + \frac{\partial y}{\partial Z'_S}\mathrm{d}Z'_S + \frac{\partial y}{\partial \varphi'}\mathrm{d}\varphi' + \frac{\partial y}{\partial \omega'}\mathrm{d}\omega' + \frac{\partial y}{\partial \kappa'}\mathrm{d}\kappa' - \nu_{y_i}
\end{aligned}
\right.
$$

$$(4\text{-}112)$$

式中，(x_i) 和 (y_i) 为函数的近似值；$\mathrm{d}X_{S_0}$、$\mathrm{d}Y_{S_0}$、$\mathrm{d}Z_{S_0}$、$\mathrm{d}\varphi_0$、$\mathrm{d}\omega_0$、$\mathrm{d}\kappa_0$ 为影像中心行的外方位元素修正值；$\mathrm{d}X'_S$、$\mathrm{d}Y'_S$、$\mathrm{d}Z'_S$、$\mathrm{d}\varphi'$、$\mathrm{d}\omega'$、$\mathrm{d}\kappa'$ 为 l_i 行处的外方位元素的一阶变化率的修正值，共 12 个外方位元素的改正数；ν_{x_i}、ν_{y_i} 为高阶无穷小量。它们的系数为函数的一阶偏导数。

为了书写方便，令式(4-110)中的分母、分子表达为：

$$
\left\{
\begin{aligned}
\overline{X}_i &= a_{1i}[X_A - (X_{S_0} + tX'_S)] + b_{1i}[Y_A - (Y_{S_0} + tY'_S)] + c_{1i}[Z_A - (Z_{S_0} + tZ'_S)] \\
\overline{Y}_i &= a_{2i}[X_A - (X_{S_0} + tX'_S)] + b_{2i}[Y_A - (Y_{S_0} + tY'_S)] + c_{2i}[Z_A - (Z_{S_0} + tZ'_S)] \\
\overline{Z}_i &= a_{3i}[X_A - (X_{S_0} + tX'_S)] + b_{3i}[Y_A - (Y_{S_0} + tY'_S)] + c_{3i}[Z_A - (Z_{S_0} + tZ'_S)]
\end{aligned}
\right.
$$

$$(4\text{-}113)$$

各偏导数是系数，用新的符号表示，则：

$$
a_{11} = \frac{\partial x_i}{\partial X_{S_0}} = \frac{\partial\left(-f\dfrac{\overline{X}_i}{\overline{Z}_i}\right)}{\partial X_{S_0}} = -f\frac{\dfrac{\partial \overline{X}_i}{\partial X_{S_0}}\overline{Z}_i - \overline{X}_i\dfrac{\partial \overline{Z}_i}{\partial X_{S_0}}}{(\overline{Z}_i)^2}
$$

进一步整理，得：

$$
a_{11} = -f\frac{-a_{1i}\overline{Z}_i + a_{3i}\overline{X}_i}{(\overline{Z}_i)^2} = \frac{a_{1i}f\overline{Z}_i}{(\overline{Z}_i)^2} - a_{3i}f\frac{\overline{X}_i}{(\overline{Z}_i)^2}
$$

$$
= \frac{1}{\overline{Z}_i}\left[a_{1i}f + a_{3i}\left(-f\frac{\overline{X}_i}{\overline{Z}_i}\right)\right] = \frac{1}{\overline{Z}_i}(a_{1i}f + a_{3i}x_i) = \frac{1}{\overline{Z}_i}a_{1i}f
$$

按相似的步骤，得：

$$\begin{cases} a_{11} = \dfrac{\partial x_i}{\partial X_{S_0}} = \dfrac{1}{\overline{Z}_i} a_{1i} f \\[3mm] a_{12} = \dfrac{\partial x_i}{\partial Y_{S_0}} = \dfrac{1}{\overline{Z}_i} b_{1i} f \\[3mm] a_{13} = \dfrac{\partial x_i}{\partial Z_{S_0}} = \dfrac{1}{\overline{Z}_i} c_{1i} f \\[3mm] a_{21} = \dfrac{\partial y_i}{\partial X_{S_0}} = \dfrac{1}{\overline{Z}_i} (a_{2i} f + a_{3i} y_i) \\[3mm] a_{22} = \dfrac{\partial y_i}{\partial Y_{S_0}} = \dfrac{1}{\overline{Z}_i} (b_{2i} f + b_{3i} y_i) \\[3mm] a_{23} = \dfrac{\partial y_i}{\partial Z_{S_0}} = \dfrac{1}{\overline{Z}_i} (c_{2i} f + c_{3i} y_i) \end{cases} \tag{4-114}$$

另外

$$\frac{\partial x_i}{\partial X'_S} = \frac{\partial \left(-f \dfrac{\overline{X}_i}{\overline{Z}_i} \right)}{\partial X'_S} = -f \frac{\dfrac{\partial \overline{X}_i}{\partial X'_S} \overline{Z}_i - \overline{X} \dfrac{\partial \overline{Z}_i}{\partial X'_S}}{(\overline{Z}_i)^2}$$

$$= -f \frac{-a_{1i} t \overline{Z}_i + a_{3i} t \overline{X}_i}{(\overline{Z}_i)^2} = \frac{a_{1i} f t \overline{Z}_i}{(\overline{Z}_i)^2} - a_{3i} f \frac{t \overline{X}_i}{(\overline{Z}_i)^2}$$

$$= \frac{t}{\overline{Z}_i} \left[a_{1i} f + a_{3i} \left(-f \frac{\overline{X}_i}{\overline{Z}_i} \right) \right] = \frac{t}{\overline{Z}_i} (a_{1i} f + a_{3i} x_i) = t \frac{1}{\overline{Z}_i} a_{1i} f = t a_{11}$$

按相似的步骤，得：

$$\begin{cases} \dfrac{\partial x}{\partial X'_S} = t a_{11}, \quad \dfrac{\partial y}{\partial X'_S} = t a_{21} \\[3mm] \dfrac{\partial x}{\partial Y'_S} = t a_{12}, \quad \dfrac{\partial y}{\partial Y'_S} = t a_{22} \\[3mm] \dfrac{\partial x}{\partial Z'_S} = t a_{13}, \quad \dfrac{\partial y}{\partial Z'_S} = t a_{23} \end{cases} \tag{4-115}$$

在式（4-110）中，对于角度的偏导系数为：

$$\begin{cases} a_{14} = \dfrac{\partial x_i}{\partial \varphi_0} = -\dfrac{f}{(\overline{Z}_i)^2}\left(\dfrac{\partial \overline{X}_i}{\partial \varphi_0}\overline{Z}_i - \dfrac{\partial \overline{Z}_i}{\partial \varphi_0}\overline{X}_i\right) \\[4mm] a_{15} = \dfrac{\partial x_i}{\partial \omega_0} = -\dfrac{f}{(\overline{Z}_i)^2}\left(\dfrac{\partial \overline{X}_i}{\partial \omega_0}\overline{Z}_i - \dfrac{\partial \overline{Z}_i}{\partial \omega_0}\overline{X}_i\right) \\[4mm] a_{16} = \dfrac{\partial x_i}{\partial \kappa_0} = -\dfrac{f}{(\overline{Z}_i)^2}\left(\dfrac{\partial \overline{X}_i}{\partial \kappa_0}\overline{Z}_i - \dfrac{\partial \overline{Z}_i}{\partial \kappa_0}\overline{X}_i\right) \\[4mm] a_{24} = \dfrac{\partial y_i}{\partial \varphi_0} = -\dfrac{f}{(\overline{Z}_i)^2}\left(\dfrac{\partial \overline{Y}_i}{\partial \varphi_0}\overline{Z}_i - \dfrac{\partial \overline{Z}_i}{\partial \varphi_0}\overline{Y}_i\right) \\[4mm] a_{25} = \dfrac{\partial y_i}{\partial \omega_0} = -\dfrac{f}{(\overline{Z}_i)^2}\left(\dfrac{\partial \overline{Y}_i}{\partial \omega_0}\overline{Z}_i - \dfrac{\partial \overline{Z}_i}{\partial \omega_0}\overline{Y}_i\right) \\[4mm] a_{26} = \dfrac{\partial y_i}{\partial \kappa_0} = -\dfrac{f}{(\overline{Z}_i)^2}\left(\dfrac{\partial \overline{Y}_i}{\partial \kappa_0}\overline{Z}_i - \dfrac{\partial \overline{Z}_i}{\partial \kappa_0}\overline{Y}_i\right) \end{cases} \qquad (4\text{-}116)$$

由于

$$\begin{bmatrix} \overline{X}_i \\ \overline{Y}_i \\ \overline{Z}_i \end{bmatrix} = \begin{bmatrix} a_{1i} & b_{1i} & c_{1i} \\ a_{2i} & b_{2i} & c_{2i} \\ a_{3i} & b_{3i} & c_{3i} \end{bmatrix}\begin{bmatrix} X_{A_i} - X_{S_i} \\ Y_{A_i} - Y_{S_i} \\ Z_{A_i} - Z_{S_i} \end{bmatrix} = \boldsymbol{R}^{\mathrm{T}}\begin{bmatrix} X_{A_i} - X_{S_i} \\ Y_{A_i} - Y_{S_i} \\ Z_{A_i} - Z_{S_i} \end{bmatrix}$$

$$= \boldsymbol{R}_{\kappa_i}^{\mathrm{T}}\boldsymbol{R}_{\omega_i}^{\mathrm{T}}\boldsymbol{R}_{\varphi_i}^{\mathrm{T}}\begin{bmatrix} X_{A_i} - X_{S_i} \\ Y_{A_i} - Y_{S_i} \\ Z_{A_i} - Z_{S_i} \end{bmatrix} = \boldsymbol{R}_{\kappa_i}^{-1}\boldsymbol{R}_{\omega_i}^{-1}\boldsymbol{R}_{\varphi_i}^{-1}\begin{bmatrix} X_{A_i} - X_{S_i} \\ Y_{A_i} - Y_{S_i} \\ Z_{A_i} - Z_{S_i} \end{bmatrix} \qquad (4\text{-}117)$$

所以

$$\frac{\partial}{\partial \varphi_0}\begin{bmatrix} \overline{X}_i \\ \overline{Y}_i \\ \overline{Z}_i \end{bmatrix} = \boldsymbol{R}_{\kappa_i}^{-1}\boldsymbol{R}_{\omega_i}^{-1}\frac{\partial \boldsymbol{R}_{\varphi_i}^{-1}}{\partial \varphi_0}\begin{bmatrix} X_{A_i}-X_{S_i} \\ Y_{A_i}-Y_{S_i} \\ Z_{A_i}-Z_{S_i} \end{bmatrix} = \boldsymbol{R}_{\kappa_i}^{-1}\boldsymbol{R}_{\omega_i}^{-1}\boldsymbol{R}_{\varphi_i}^{-1}\boldsymbol{R}_{\varphi_i}\frac{\partial \boldsymbol{R}_{\varphi_i}^{-1}}{\partial \varphi_0}\begin{bmatrix} X_{A_i}-X_{S_i} \\ Y_{A_i}-Y_{S_i} \\ Z_{A_i}-Z_{S_i} \end{bmatrix} = \boldsymbol{R}^{-1}\boldsymbol{R}_{\varphi_i}\frac{\partial \boldsymbol{R}_{\varphi_i}^{-1}}{\partial \varphi_0}\begin{bmatrix} X_{A_i}-X_{S_i} \\ Y_{A_i}-Y_{S_i} \\ Z_{A_i}-Z_{S_i} \end{bmatrix}$$

$$(\text{a})$$

而

$$\boldsymbol{R}_{\varphi_i}^{-1} = \boldsymbol{R}_{\varphi_i}^{\mathrm{T}} = \begin{bmatrix} \cos(\varphi_0 + t\varphi') & 0 & \sin(\varphi_0 + t\varphi') \\ 0 & 1 & 0 \\ -\sin(\varphi_0 + t\varphi') & 0 & \cos(\varphi_0 + t\varphi') \end{bmatrix}$$

则:

$$R_{\varphi_i}\frac{\partial R_{\varphi_i}^{-1}}{\partial \varphi_0} = \begin{bmatrix} \cos(\varphi_0+t\varphi') & 0 & -\sin(\varphi_0+t\varphi') \\ 0 & 1 & 0 \\ \sin(\varphi_0+t\varphi') & 0 & \cos(\varphi_0+t\varphi') \end{bmatrix} \begin{bmatrix} -\sin(\varphi_0+t\varphi') & 0 & \cos(\varphi_0+t\varphi') \\ 0 & 0 & 0 \\ -\cos(\varphi_0+t\varphi') & 0 & -\sin(\varphi_0+t\varphi') \end{bmatrix} = \begin{bmatrix} 0 & 0 & 1 \\ 0 & 0 & 0 \\ -1 & 0 & 0 \end{bmatrix}$$

代入式(a)，得：

$$\frac{\partial}{\partial \varphi_0}\begin{bmatrix} \overline{X}_i \\ \overline{Y}_i \\ \overline{Z}_i \end{bmatrix} = \begin{bmatrix} a_{1i} & b_{1i} & c_{1i} \\ a_{2i} & b_{2i} & c_{2i} \\ a_{3i} & b_{3i} & c_{3i} \end{bmatrix}\begin{bmatrix} 0 & 0 & 1 \\ 0 & 0 & 0 \\ -1 & 0 & 0 \end{bmatrix}\begin{bmatrix} X_{A_i} - X_{S_i} \\ Y_{A_i} - Y_{S_i} \\ Z_{A_i} - Z_{S_i} \end{bmatrix}$$

$$= \begin{bmatrix} a_{1i} & b_{1i} & c_{1i} \\ a_{2i} & b_{2i} & c_{2i} \\ a_{3i} & b_{3i} & c_{3i} \end{bmatrix}\begin{bmatrix} 0 & 0 & 1 \\ 0 & 0 & 0 \\ -1 & 0 & 0 \end{bmatrix}\begin{bmatrix} a_{1i} & a_{2i} & a_{3i} \\ b_{1i} & b_{2i} & b_{3i} \\ c_{1i} & c_{2i} & c_{3i} \end{bmatrix}\begin{bmatrix} \overline{X}_i \\ \overline{Y}_i \\ \overline{Z}_i \end{bmatrix}$$

$$= \begin{bmatrix} 0 & -b_{3i} & b_{2i} \\ b_{3i} & 0 & -b_{1i} \\ -b_{2i} & b_{1i} & 0 \end{bmatrix}\begin{bmatrix} \overline{X}_i \\ \overline{Y}_i \\ \overline{Z}_i \end{bmatrix} = \begin{bmatrix} -b_{3i}\overline{Y}_i + b_{2i}\overline{Z}_i \\ b_{3i}\overline{X}_i - b_{1i}\overline{Z}_i \\ -b_{2i}\overline{X}_i + b_{1i}\overline{Y}_i \end{bmatrix} \tag{4-118}$$

按相仿的方法，得：

$$\frac{\partial}{\partial \omega_0}\begin{bmatrix} \overline{X}_i \\ \overline{Y}_i \\ \overline{Z}_i \end{bmatrix} = \begin{bmatrix} \overline{Z}\sin\kappa_i \\ \overline{Z}\cos\kappa_i \\ -\overline{X}_i\sin\kappa_i - \overline{Y}_i\cos\kappa_i \end{bmatrix} \tag{4-119}$$

$$\frac{\partial}{\partial \kappa_0}\begin{bmatrix} \overline{X}_i \\ \overline{Y}_i \\ \overline{Z}_i \end{bmatrix} = \begin{bmatrix} \overline{Y}_i \\ -\overline{X}_i \\ 0 \end{bmatrix} \tag{4-120}$$

将式(4-118)~式(4-120)代入式(4-116)，并利用有关表达式，经整理得相应的系数。例如代入 a_{14} 中，求解过程为：

$$a_{14} = \frac{\partial x_i}{\partial \varphi_0} = -\frac{f}{(\overline{Z}_i)^2}\left(\frac{\partial \overline{X}_i}{\partial \varphi_0}\overline{Z}_i - \frac{\partial \overline{Z}_i}{\partial \varphi_0}\overline{X}_i\right)$$

$$= -\frac{f}{(\overline{Z}_i)^2}\left[(-b_{3i}\overline{Y}_i + b_{2i}\overline{Z}_i)\overline{Z}_i - (-b_{2i}\overline{X}_i + b_{1i}\overline{Y}_i)\overline{X}_i\right]$$

$$= -b_{3i}\left(-f\frac{\overline{Y}_i}{\overline{Z}_i}\right) - b_{2i}f - \left(-f\frac{\overline{X}_i}{\overline{Z}_i}\right)\left[\frac{b_{2i}}{f}\left(-f\frac{\overline{X}_i}{\overline{Z}_i}\right) - \frac{b_{1i}}{f}\left(-f\frac{\overline{Y}_i}{\overline{Z}_i}\right)\right]$$

$$= -b_{3i}y_i - b_{2i}f - x_i\left(\frac{b_{2i}}{f}x_i - \frac{b_{1i}}{f}y_i\right) = -b_{3i}y_i - b_{2i}f - \frac{x_i}{f}(b_{2i}x_i - b_{1i}y_i)$$

$$= y_i\sin\omega_i - f\cos\omega_i\cos\kappa_i - x_i\left(\frac{\cos\omega_i\cos\kappa_i}{f}x_i - \frac{\cos\omega_i\sin\kappa_i}{f}y_i\right)$$

$$= y_i\sin\omega_i - \left[\frac{x_i}{f}(x_i\cos\kappa_i - y_i\sin\kappa_i) + f\cos\kappa_i\right]\cos\omega_i$$

由于 $x_i = 0$，故：

$$a_{14} = y_i\sin\omega_i - f\cos\kappa_i\cos\omega_i$$

其他类似，最终得：

$$\begin{cases} a_{14} = y_i\sin\omega_i - f\cos\omega_i\cos\kappa_i \\ a_{15} = -f\sin\kappa_i \\ a_{16} = y_i \\ a_{24} = \left(\dfrac{y_i^2}{f} + f\right)\cos\omega_i\sin\kappa_i \\ a_{25} = -\left(\dfrac{y_i^2}{f} + f\right)\cos\kappa_i \\ a_{26} = 0 \end{cases} \tag{4-121}$$

式(4-110)中，对于角度一阶导的偏导系数为：

$$\begin{cases} \dfrac{\partial x_i}{\partial \varphi'} = -\dfrac{f}{(\overline{Z}_i)^2}\left(\dfrac{\partial \overline{X}_i}{\partial \varphi'}\overline{Z}_i - \dfrac{\partial \overline{Z}_i}{\partial \varphi'}\overline{X}_i\right) \\ \dfrac{\partial x_i}{\partial \omega'} = -\dfrac{f}{(\overline{Z}_i)^2}\left(\dfrac{\partial \overline{X}_i}{\partial \omega'}\overline{Z}_i - \dfrac{\partial \overline{Z}_i}{\partial \omega'}\overline{X}_i\right) \\ \dfrac{\partial x_i}{\partial \kappa'} = -\dfrac{f}{(\overline{Z}_i)^2}\left(\dfrac{\partial \overline{X}_i}{\partial \kappa'}\overline{Z}_i - \dfrac{\partial \overline{Z}_i}{\partial \kappa'}\overline{X}_i\right) \\ \dfrac{\partial y_i}{\partial \varphi'} = -\dfrac{f}{(\overline{Z}_i)^2}\left(\dfrac{\partial \overline{Y}_i}{\partial \varphi'}\overline{Z}_i - \dfrac{\partial \overline{Z}_i}{\partial \varphi'}\overline{Y}_i\right) \\ \dfrac{\partial y_i}{\partial \omega'} = -\dfrac{f}{(\overline{Z}_i)^2}\left(\dfrac{\partial \overline{Y}_i}{\partial \omega'}\overline{Z}_i - \dfrac{\partial \overline{Z}_i}{\partial \omega'}\overline{Y}_i\right) \\ \dfrac{\partial y_i}{\partial \kappa'} = -\dfrac{f}{(\overline{Z}_i)^2}\left(\dfrac{\partial \overline{Y}_i}{\partial \kappa'}\overline{Z}_i - \dfrac{\partial \overline{Z}_i}{\partial \kappa'}\overline{Y}_i\right) \end{cases} \tag{4-122}$$

由式(4-117)可知：

$$\frac{\partial}{\partial \varphi'}\begin{bmatrix} \overline{X}_i \\ \overline{Y}_i \\ \overline{Z}_i \end{bmatrix} = \boldsymbol{R}_{\kappa_i}^{-1}\boldsymbol{R}_{\omega_i}^{-1}\frac{\partial \boldsymbol{R}_{\varphi_i}^{-1}}{\partial \varphi'}\begin{bmatrix} X_{A_i}-X_{S_i} \\ Y_{A_i}-Y_{S_i} \\ Z_{A_i}-Z_{S_i} \end{bmatrix} = \boldsymbol{R}_{\kappa_i}^{-1}\boldsymbol{R}_{\omega_i}^{-1}\boldsymbol{R}_{\varphi_i}^{-1}\boldsymbol{R}_{\varphi_i}\frac{\partial \boldsymbol{R}_{\varphi_i}^{-1}}{\partial \varphi'}\begin{bmatrix} X_{A_i}-X_{S_i} \\ Y_{A_i}-Y_{S_i} \\ Z_{A_i}-Z_{S_i} \end{bmatrix} = \boldsymbol{R}^{-1}\boldsymbol{R}_{\varphi_i}\frac{\partial \boldsymbol{R}_{\varphi_i}^{-1}}{\partial \varphi'}\begin{bmatrix} X_{A_i}-X_{S_i} \\ Y_{A_i}-Y_{S_i} \\ Z_{A_i}-Z_{S_i} \end{bmatrix}$$

而

$$R_{\varphi_i}\frac{\partial R_{\varphi_i}^{-1}}{\partial \varphi'} = \begin{bmatrix} \cos(\varphi_0+t\varphi') & 0 & -\sin(\varphi_0+t\varphi') \\ 0 & 1 & 0 \\ \sin(\varphi_0+t\varphi') & 0 & \cos(\varphi_0+t\varphi') \end{bmatrix} \begin{bmatrix} -t\sin(\varphi_0+t\varphi') & 0 & t\cos(\varphi_0+t\varphi') \\ 0 & 0 & 0 \\ -t\cos(\varphi_0+t\varphi') & 0 & -t\sin(\varphi_0+t\varphi') \end{bmatrix} = \begin{bmatrix} 0 & 0 & t \\ 0 & 0 & 0 \\ -t & 0 & 0 \end{bmatrix}$$

则：

$$\frac{\partial}{\partial \varphi'}\begin{bmatrix} \overline{X}_i \\ \overline{Y}_i \\ \overline{Z}_i \end{bmatrix} = \begin{bmatrix} a_1 & b_1 & c_1 \\ a_2 & b_2 & c_2 \\ a_3 & b_3 & c_3 \end{bmatrix} \begin{bmatrix} 0 & 0 & t \\ 0 & 0 & 0 \\ -t & 0 & 0 \end{bmatrix} \begin{bmatrix} X_{A_i} - X_{S_i} \\ Y_{A_i} - Y_{S_i} \\ Z_{A_i} - Z_{S_i} \end{bmatrix}$$

$$= \begin{bmatrix} a_1 & b_1 & c_1 \\ a_2 & b_2 & c_2 \\ a_3 & b_3 & c_3 \end{bmatrix} \begin{bmatrix} 0 & 0 & t \\ 0 & 0 & 0 \\ -t & 0 & 0 \end{bmatrix} \begin{bmatrix} a_1 & a_2 & a_3 \\ b_1 & b_2 & b_3 \\ c_1 & c_2 & c_3 \end{bmatrix} \begin{bmatrix} \overline{X}_i \\ \overline{Y}_i \\ \overline{Z}_i \end{bmatrix}$$

$$= t\begin{bmatrix} 0 & -b_3 & b_2 \\ b_3 & 0 & -b_1 \\ -b_2 & b_1 & 0 \end{bmatrix} \begin{bmatrix} \overline{X}_i \\ \overline{Y}_i \\ \overline{Z}_i \end{bmatrix} = \begin{bmatrix} -b_3 t\overline{Y}_i + b_2 t\overline{Z}_i \\ b_3 t\overline{X}_i - b_1 t\overline{Z}_i \\ -b_2 t\overline{X}_i + b_1 t\overline{Y}_i \end{bmatrix} \quad (4\text{-}123)$$

同理可得：

$$\frac{\partial}{\partial \omega'}\begin{bmatrix} \overline{X}_i \\ \overline{Y}_i \\ \overline{Z}_i \end{bmatrix} = \begin{bmatrix} \overline{Z}t\sin\kappa_i \\ \overline{Z}t\cos\kappa_i \\ -\overline{X}_i t\sin\kappa_i - \overline{Y}_i t\cos\kappa_i \end{bmatrix} \quad (4\text{-}124)$$

$$\frac{\partial}{\partial \kappa'}\begin{bmatrix} \overline{X}_i \\ \overline{Y}_i \\ \overline{Z}_i \end{bmatrix} = \begin{bmatrix} \overline{Y}_i t \\ -\overline{X}_i t \\ 0 \end{bmatrix} \quad (4\text{-}125)$$

将式(4-123)、式(4-125)代入式(4-122)，并利用有关表达式得：

$$\begin{cases} \dfrac{\partial x_i}{\partial \varphi'} = t(y_i\sin\omega_i - f\cos\omega_i\cos\kappa_i) = ta_{14} \\ \dfrac{\partial x_i}{\partial \omega'} = -ft\sin\kappa_i = ta_{15} \\ \dfrac{\partial x_i}{\partial \kappa'} = ty_i = ta_{16} \end{cases}, \begin{cases} \dfrac{\partial y_i}{\partial \varphi'} = t\left(\dfrac{y_i^2}{f}+f\right)\cos\omega_i\sin\kappa_i = ta_{24} \\ \dfrac{\partial y_i}{\partial \omega'} = -t\left(\dfrac{y_i^2}{f}+f\right)\cos\kappa_i = ta_{25} \\ \dfrac{\partial y_i}{\partial \kappa'} = 0 \end{cases} \quad (4\text{-}126)$$

将式(4-114)、式(4-115)、式(4-121)、式(4-126)分别代入式(4-112)，得：

$$\begin{cases} x_i = (x_i) + a_{11}\mathrm{d}X_{S_0} + a_{12}\mathrm{d}Y_{S_0} + a_{13}\mathrm{d}Z_{S_0} + a_{14}\mathrm{d}\varphi_0 + a_{15}\mathrm{d}\omega_0 + a_{16}\mathrm{d}\kappa_0 + \\ \qquad a_{11}t\mathrm{d}X'_S + a_{12}t\mathrm{d}Y'_S + a_{13}t\mathrm{d}Z'_S + a_{14}t\mathrm{d}\varphi' + a_{15}t\mathrm{d}\omega' + a_{16}t\mathrm{d}\kappa' - \nu_{x_i} \\ y_i = (y_i) + a_{21}\mathrm{d}X_{S_0} + a_{22}\mathrm{d}Y_{S_0} + a_{23}\mathrm{d}Z_{S_0} + a_{24}\mathrm{d}\varphi_0 + a_{25}\mathrm{d}\omega_0 + a_{26}\mathrm{d}\kappa_0 + \\ \qquad a_{21}t\mathrm{d}X'_S + a_{22}t\mathrm{d}Y'_S + a_{23}t\mathrm{d}Z'_S + a_{24}t\mathrm{d}\varphi' + a_{25}t\mathrm{d}\omega' + a_{26}t\mathrm{d}\kappa' - \nu_{y_i} \end{cases} \tag{4-127}$$

式中，
$$\begin{cases} a_{11} = \dfrac{\partial x_i}{\partial X_{S_0}} = \dfrac{1}{\overline{Z}_i}a_{1i}f, \ \ a_{21} = \dfrac{\partial y_i}{\partial X_{S_0}} = \dfrac{1}{\overline{Z}_i}(a_{2i}f + a_{3i}y_i) \\[2mm] a_{12} = \dfrac{\partial x_i}{\partial Y_{S_0}} = \dfrac{1}{\overline{Z}_i}b_{1i}f, \ \ a_{22} = \dfrac{\partial y_i}{\partial Y_{S_0}} = \dfrac{1}{\overline{Z}_i}(b_{2i}f + b_{3i}y_i) \\[2mm] a_{13} = \dfrac{\partial x_i}{\partial Z_{S_0}} = \dfrac{1}{\overline{Z}_i}c_{1i}f, \ \ a_{23} = \dfrac{\partial y_i}{\partial Z_{S_0}} = \dfrac{1}{\overline{Z}_i}(c_{2i}f + c_{3i}y_i) \\[2mm] a_{14} = \dfrac{\partial x_i}{\partial \varphi_0} = y_i\sin\omega_i - f\cos\omega_i\cos\kappa_i, \ \ a_{24} = \dfrac{\partial y_i}{\partial \varphi_0} = \left(\dfrac{y_i^2}{f} + f\right)\cos\omega_i\sin\kappa_i \\[2mm] a_{15} = \dfrac{\partial x_i}{\partial \omega_0} = -f\sin\kappa_i, \ \ a_{25} = \dfrac{\partial y_i}{\partial \omega_0} = -\left(\dfrac{y_i^2}{f} + f\right)\cos\kappa_i \\[2mm] a_{16} = \dfrac{\partial x_i}{\partial \kappa_0} = y_i, \ \ a_{26} = \dfrac{\partial y_i}{\partial \kappa_0} = 0 \end{cases} \tag{4-128}$$

参考画幅式影像构像方程的空间后方交会法，至少利用 6 对控制点求解式（4-127）中 $\mathrm{d}X_{S_0}$、$\mathrm{d}Y_{S_0}$、$\mathrm{d}Z_{S_0}$、$\mathrm{d}\varphi_0$、$\mathrm{d}\omega_0$、$\mathrm{d}\kappa_0$、$\mathrm{d}X'_S$、$\mathrm{d}Y'_S$、$\mathrm{d}Z'_S$、$\mathrm{d}\varphi'$、$\mathrm{d}\omega'$、$\mathrm{d}\kappa'$这 12 个修正值。

4.3.3　简化构像方程

在计平坐标系中，从图 4-7 中可看出，$X_S = Y_S = Z_S = 0$。此时 $Z_A = -(H-h)$，所以式 （4-106）和式（4-107）可分别简化为：

$$\begin{cases} x_i = -f\dfrac{a_{1i}(X_A - tX'_S) + b_{1i}(Y_A - tY'_S) + c_{1i}(h - H - tZ'_S)}{a_{3i}(X_A - tX'_S) + b_{3i}(Y_A - tY'_S) + c_{3i}(h - H - tZ'_S)} \\[3mm] y_i = -f\dfrac{a_{2i}(X_A - tX'_S) + b_{2i}(Y_A - tY'_S) + c_{2i}(h - H - tZ'_S)}{a_{3i}(X_A - tX'_S) + b_{3i}(Y_A - tY'_S) + c_{3i}(h - H - tZ'_S)} \end{cases} \tag{4-129}$$

$$\begin{cases} X_A - tX'_S = (h - H - tZ'_S)\dfrac{a_{2i}y_i - a_{3i}f}{c_{2i}y_i - c_{3i}f} \\[3mm] Y_A - tY'_S = (h - H - tZ'_S)\dfrac{b_{2i}y_i - b_{3i}f}{c_{2i}y_i - c_{3i}f} \end{cases} \tag{4-130}$$

式中，H 为影像上中心行 l_0 处时刻的真实航高；h 为地物高度；X'_S、Y'_S、Z'_S 为外方位线元素的一阶变化率；a_j、b_j、c_j（$j = 1, 2, 3$）为 t_i 时刻的外方位角元素 φ_i、ω_i、κ_i，并按式 （4-108）确定。

一般要求图像的横向和纵向的空间分辨率相同，如图 4-8 所示。

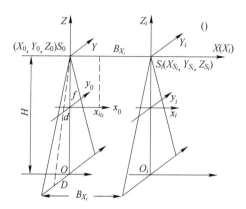

图 4-8 横向与纵向分辨率示意图

则从图 4-8 可以看出：

$$\frac{B_{X_i}}{H} = \frac{V_X t}{H} = \frac{x_{i0}}{f} \tag{4-131}$$

式中，V_X 为飞行地速 X 轴方向分量；H 为航高；x_{i0} 为图像 l_i 行距中心 l_0 行的距离；t 为图像 l_i 行距中心 l_0 行的时间；B_{X_i} 为图像 l_i 行的摄影中心距中心 l_0 行的摄影中心在 X 轴方向移动距离。

对式 (4-131) 进行整理，得：

$$t = \frac{H x_{i0}}{V_X f} \quad \text{或} \quad t = \frac{B_{X_i}}{V_X} \tag{4-132}$$

从成像原理可以看出 $y_i = y_{i0}$，故式 (4-129) 和式 (4-130) 可进一步整理，得：

$$\begin{cases} x_i = 0 = -f\dfrac{a_{1i}\left(X_A - \dfrac{H x_{i0}}{V_X f}X_S'\right) + b_{1i}\left(Y_A - \dfrac{H x_{i0}}{V_X f}Y_S'\right) + c_{1i}\left(h - H - \dfrac{H x_{i0}}{V_X f}Z_S'\right)}{a_{3i}\left(X_A - \dfrac{H x_{i0}}{V_X f}X_S'\right) + b_{3i}\left(Y_A - \dfrac{H x_{i0}}{V_X f}Y_S'\right) + c_{3i}\left(h - H - \dfrac{H x_{i0}}{V_X f}Z_S'\right)} \\[4mm] y_i = y_{i0} = -f\dfrac{a_{2i}\left(X_A - \dfrac{H x_{i0}}{V_X f}X_S'\right) + b_{2i}\left(Y_A - \dfrac{H x_{i0}}{V_X f}Y_S'\right) + c_{2i}\left(h - H - \dfrac{H x_{i0}}{V_X f}Z_S'\right)}{a_{3i}\left(X_A - \dfrac{H x_{i0}}{V_X f}X_S'\right) + b_{3i}\left(Y_A - \dfrac{H x_{i0}}{V_X f}Y_S'\right) + c_{3i}\left(h - H - \dfrac{H x_{i0}}{V_X f}Z_S'\right)} \end{cases} \tag{4-133}$$

$$\begin{cases} X_A - \dfrac{H x_{i0}}{V_X f}X_S' = \left(h - H - \dfrac{H x_{i0}}{V_X f}Z_S'\right)\dfrac{a_{2i}y_{i0} - a_{3i}f}{c_{2i}y_{i0} - c_{3i}f} \\[4mm] Y_A - \dfrac{H x_{i0}}{V_X f}Y_S' = \left(h - H - \dfrac{H x_{i0}}{V_X f}Z_S'\right)\dfrac{b_{2i}y_{i0} - b_{3i}f}{c_{2i}y_{i0} - c_{3i}f} \end{cases} \tag{4-134}$$

若以机平坐标系 $F(S\text{-}X_F Y_F Z_F)$ 为参考，不考虑偏航的情况（$\kappa = 0$）。式 (4-133) 和式 (4-134) 中，a_j、b_j、$c_j (j = 1, 2, 3)$ 按式 (4-108) 确定；遥感平台保持匀速等高飞行，即外方位 3 个线元素中：$X_S' = V_X = V\cos\gamma$，$Y_S' = V\sin\gamma$（γ 为偏流角），$Z_S' = 0$，如图 4-9 所示。

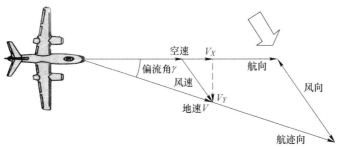

图 4-9 偏流角示意图

则式(4-133)和式(4-134)进一步可简化为：

$$\begin{cases} x_i = 0 = -f\dfrac{a_{1i}\left(X_A - \dfrac{Hx_{i0}}{f}\right) + b_{1i}\left(Y_A - \dfrac{Hx_{i0}}{f}\tan\gamma\right) + c_{1i}(h - H)}{a_{3i}\left(X_A - \dfrac{Hx_{i0}}{f}\right) + b_{3i}\left(Y_A - \dfrac{Hx_{i0}}{f}\tan\gamma\right) + c_{3i}(h - HZ'_S)} \\[4mm] y_i = y_{i0} = -f\dfrac{a_{2i}\left(X_A - \dfrac{Hx_{i0}}{f}\right) + b_{2i}\left(Y_A - \dfrac{Hx_{i0}}{f}\tan\gamma\right) + c_{2i}(h - H)}{a_{3i}\left(X_A - \dfrac{Hx_{i0}}{f}\right) + b_{3i}\left(Y_A - \dfrac{Hx_{i0}}{f}\tan\gamma\right) + c_{3i}(h - H)} \end{cases}$$

(4-135)

$$\begin{cases} X_A = (h - H)\dfrac{a_{2i}y_{i0} - a_{3i}f}{c_{2i}y_{i0} - c_{3i}f} + \dfrac{H}{f}x_{i0} \\[4mm] Y_A = (h - H)\dfrac{b_{2i}y_{i0} - b_{3i}f}{c_{2i}y_{i0} - c_{3i}f} + \dfrac{H\tan\gamma}{f}x_{i0} \end{cases}$$

(4-136)

若遥感平台保持平直飞行，$\varphi' = \omega' = 0$，根据式(4-109)可以得到 $\varphi_i = \varphi_0$、$\omega_i = \omega_0$，不考虑偏流角 $\gamma = 0$，则式(4-135)可写为：

$$\begin{cases} x_{i0} = \dfrac{f}{H}\big[X_A - (H - h)\tan\varphi_0\big] \\[4mm] y_{i0} = -f\dfrac{a_{2i}(X_A - x_{i0}H/f) + b_{2i}Y_A + c_{2i}(h - H)}{a_{3i}(X_A - x_{i0}H/f) + b_{3i}Y_A + c_{3i}(h - H)} \end{cases}$$

(4-137)

若遥感平台处于均速平稳飞行状态，$X'_S = V$、$Y'_S = Z'_S = 0$、$\gamma = 0$，且外方位 3 个角元素为 0，$\varphi_i = \omega_i = \kappa_i = 0$，如图 4-10 所示。

此时，即则 $a_{1i} = b_{2i} = c_{3i} = 1$、$a_{2i} = a_{3i} = b_{1i} = b_{3i} = c_{1i} = c_{2i} = 0$，则式(4-136)和式(4-137)进一步可简化为：

$$\begin{cases} x_{i0} = \dfrac{f}{H}X_A \\[4mm] y_{i0} = \dfrac{f}{H - h}Y_A \end{cases}, \quad \begin{cases} X_A = \dfrac{H}{f}x_{i0} \\[4mm] Y_A = \dfrac{H - h}{f}y_{i0} \end{cases}$$

(4-138)

4.3.4 三并列相机构像方程

线阵推扫相机可以采取三并列安装方式（见图 4-11），o_1、o、o_2 分别为左、中、右相机像主点。

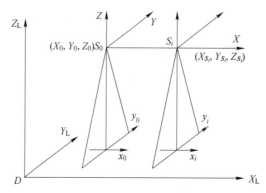

图 4-10 线阵推扫影像构像

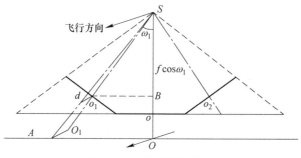

图 4-11 三并列推扫模式

从图 4-9 可以看出，左（或右）相机一个数字感光单位（大小为 d）对应地面长度为 $\overline{AO_1}$，则：

$$\frac{d}{\overline{AO_1}} = \frac{f\cos\omega_1}{H}$$

即：

$$\overline{AO_1} = \frac{d}{f\cos\omega_1}H$$

通常保证左（或右）相机安装倾角 ω_1 处的图像纵向空间分辨率与平台在相机行扫描时间间隔内飞行距离相等。设左（或右）相机行扫描时间间隔为 Δt_1，则：

$$V\Delta t_1 = \overline{AO_1}$$

可以求出：

$$\Delta t_1 = \frac{H}{V}\frac{d}{f\cos\omega_1} = \frac{1}{\cos\omega_1}\frac{Hd}{Vf} \tag{4-139}$$

设中相机行扫描时间间隔为 Δt，式(4-139)可改写为：

$$\Delta t_1 = \frac{H}{V}\frac{d}{f\cos\omega_1} = \frac{1}{\cos\omega_1}\frac{Hd}{Vf} = \frac{\Delta t}{\cos\omega_1}$$

因此，左（或右）相机扫描时间间隔 Δt_1 比中相机扫描时间间隔 Δt 长，故左（或右）

相机获得的图像，在纵向上相对中相机获得的图像有压缩现象，如图 4-11 所示。

图 4-12 中，左侧为左相机获得的 2 幅图像，右侧为中相机获得的 3 幅图像。左相机获得的两幅图像在纵向上进行等比例拉伸处理后，才能与中相机获得的 3 幅图像中的地物在几何关系上较好匹配。

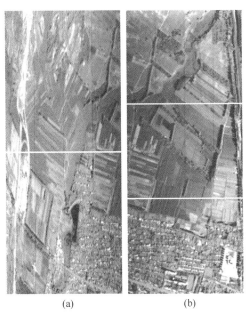

(a)   (b)

图 4-12　左相机（a）与中相机（b）图像

因此，对左（或右）相机建立构像模型时，需要将式(4-132)修改为：

$$t = \frac{1}{\cos\omega_1}\frac{Hx_{i0}}{V_X f} \tag{4-140}$$

4.4　全景影像构像方程

全景扫描是一种缝隙扫描方式，扫描缝平行于飞行方向，每幅影像由扫描缝隙绕飞行方向（x）旋转对地面扫描而成。其最大特点为成像面是圆弧形，因此其构像方程与线阵推扫式不同。

4.4.1　基本构像方程

全景图像的扫描方向，一般是朝原点看为顺时针（沿飞机轴向看为逆时针）方向扫描，如图 4-13 所示。

全景影像成像原理如图 4-14 所示。设在全景图像上 l_i 列有一个像点 a_{P_i}，y 方向坐标 y_{P_i} 的绝对值为弧长 $b_{P_i}o$，x 方向坐标 x_{P_i} 的绝对值为长度 $a_{P_i}b_{P_i}$，则：

$$\theta_i = \frac{y_{P_i}}{f}$$

所以全景图像上 l_i 列上的像点 a_{P_i} 在像空间坐标系中 y_{I_i} 方向坐标为：

$$y_{I_i} = \widehat{b_{I_i}o_i} = f\tan\theta_i = f\tan\left(\frac{y_{P_i}}{f}\right) \tag{4-141}$$

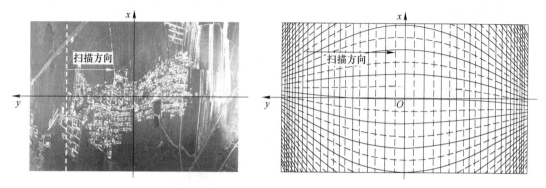

图 4-13 全景扫描图

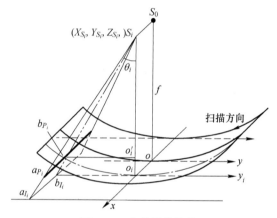

图 4-14 全景影像构像

因为

$$\frac{x_{P_i}}{x_{I_i}} = \frac{\overline{a_{P_i}b_{P_i}}}{\overline{a_{I_i}b_{I_i}}} = \frac{\overline{S_i b_{P_i}}}{\overline{S_i b_{I_i}}} = \frac{\overline{S_i o'}}{\overline{S_i o}} = \frac{f\cos\theta_i}{f}$$

即：

$$\frac{x_{P_i}}{x_{I_i}} = \cos\theta_i = \cos\frac{y_{P_i}}{f}$$

所以

$$x_{I_i} = \frac{x_{P_i}}{\cos\theta_i} = \frac{x_{P_i}}{\cos\left(\dfrac{y_{P_i}}{f}\right)} \tag{4-142}$$

根据式（4-141）和式（4-142）可知，圆弧形真实成像面上的真实像点 a_{P_i} 在像空间坐标系（感光面为平面）下坐标为 $\left(\dfrac{x_{P_i}}{\cos\theta_i}, f\tan\theta_i, -f \right)$。

在计划坐标系下，故根据摄影中心点、像点和地面物点三点一线中心投影原理，可得全景式影像构像方程为：

$$
\begin{cases}
f\tan\left(\dfrac{y_{P_i}}{f}\right) = -f\,\dfrac{a_{2i}(X_A - X_{S_i}) + b_{2i}(Y_A - Y_{S_i}) + c_{2i}(Z_A - Z_{S_i})}{a_{3i}(X_A - X_{S_i}) + b_{3i}(Y_A - Y_{S_i}) + c_{3i}(Z_A - Z_{S_i})} \\[4mm]
\dfrac{x_{P_i}}{\cos\left(\dfrac{y_{P_i}}{f}\right)} = -f\,\dfrac{a_{1i}(X_A - X_{S_i}) + b_{1i}(Y_A - Y_{S_i}) + c_{1i}(Z_A - Z_{S_i})}{a_{3i}(X_A - X_{S_i}) + b_{3i}(Y_A - Y_{S_i}) + c_{3i}(Z_A - Z_{S_i})}
\end{cases} \tag{4-143}
$$

根据中心投影摄影中心 S、像点 a 和物点 A 三点共线方程，全景式影像构像方程表达式(4-143)的逆式为：

$$
\begin{cases}
X_A - X_{S_i} = (Z_A - Z_{S_i})\,\dfrac{a_{1i}\dfrac{x_{P_i}}{\cos\theta_i} + a_{2i}f\tan\theta_i - a_{3i}f}{c_{1i}\dfrac{x_{P_i}}{\cos\theta_i} + c_{2i}f\tan\theta_i - c_{3i}f} \\[8mm]
Y_A - Y_{S_i} = (Z_A - Z_{S_i})\,\dfrac{b_{1i}\dfrac{x_{P_i}}{\cos\theta_i} + b_{2i}f\tan\theta_i - b_{3i}f}{c_{1i}\dfrac{x_{P_i}}{\cos\theta_i} + c_{2i}f\tan\theta_i - c_{3i}f}
\end{cases}
$$

进一步整理，得：

$$
\begin{cases}
X_A - X_{S_i} = (Z_A - Z_{S_i})\,\dfrac{a_{1i}x_{P_i} + a_{2i}f\sin\left(\dfrac{y_{P_i}}{f}\right) - a_{3i}f\cos\left(\dfrac{y_{P_i}}{f}\right)}{c_{1i}x_{P_i} + c_{2i}f\sin\left(\dfrac{y_{P_i}}{f}\right) - c_{3i}f\cos\left(\dfrac{y_{P_i}}{f}\right)} \\[8mm]
Y_A - Y_{S_i} = (Z_A - Z_{S_i})\,\dfrac{b_{1i}x_{P_i} + b_{2i}f\sin\left(\dfrac{y_{P_i}}{f}\right) - b_{3i}f\cos\left(\dfrac{y_{P_i}}{f}\right)}{c_{1i}x_{P_i} + c_{2i}f\sin\left(\dfrac{y_{P_i}}{f}\right) - c_{3i}f\cos\left(\dfrac{y_{P_i}}{f}\right)}
\end{cases} \tag{4-144}
$$

式中，f 为相机焦距；X_{S_i}、Y_{S_i}、Z_{S_i} 为 l_i 列的摄影中心坐标；a_j、b_j、c_j（$j=1$，2，3）是由 l_i 列的外方位元素 α_i、ω_i、κ_i 所确定的转换矩阵中的 9 个元素，其表达式如（4-109）所示。

第 i 列到图像中心列的扫描时间 t_i 为：

$$
t_i = \frac{\theta_i}{\theta'} = -\frac{y_{P_i}}{f\theta'} \tag{4-145}
$$

式中，θ' 为扫描速度。

另外，全景相机垂直成像时，并且航空平台稳定飞行，物和像之间的位置关系如图 4-15 所示。从图 4-15 可以看出：

$$\tan\theta_i = \frac{Y_A}{H-h} = -\frac{Y_A}{Z_A}$$

则扫描线从第 i 列到机下点的扫描时间 t_i 为:

$$t_i = -\frac{\theta_i}{\theta'} = -\frac{\arctan\left(\dfrac{Y_A}{H-h}\right)}{\theta'} = -\frac{\arctan\left(\dfrac{-Y_A}{Z_A}\right)}{\theta'} \tag{4-146}$$

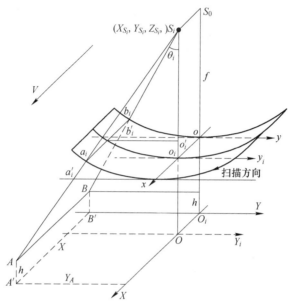

图 4-15　全景扫描空间关系

对比式(4-145)和式(4-146)可知，式(4-145)是从像空间计算时间的，称为像方计时方法；式(4-146)是从物空间进行计算时间的，称为物方计时方法。若航空平台相对稳定时，外方位元素可以根据式(4-109)计算得到。

一般情况下利用物方坐标确定像方坐标时，即运用式(4-143)，采用式(4-146)表示的物方计时方法；当利用像方坐标确定物方坐标时，即运用式(4-144)，采用式(4-145)表示的像方计时方法。

4.4.2　简化构像方程

若计平坐标系下，从图 4-14 中可看出，$X_S = Y_S = Z_S = 0$。此时 $Z_A = -(H-h)$，所以式(4-143)和式(4-144)可以分别简化为:

$$\begin{cases} \tan\left(\dfrac{y_{P_i}}{f}\right) = -\dfrac{a_{2i}(X_A - tX'_S) + b_{2i}(Y_A - tY'_S) + c_{2i}(h - H - tZ'_S)}{a_{3i}(X_A - tX'_S) + b_{3i}(Y_A - tY'_S) + c_{3i}(h - H - tZ'_S)} \\[4mm] \dfrac{x_{P_i}}{\cos\left(\dfrac{y_{P_i}}{f}\right)} = -f\dfrac{a_{1i}(X_A - tX'_S) + b_{1i}(Y_A - tY'_S) + c_{1i}(h - H - tZ'_S)}{a_{3i}(X_A - tX'_S) + b_{3i}(Y_A - tY'_S) + c_{3i}(h - H - tZ'_S)} \end{cases} \tag{4-147}$$

$$
\begin{cases}
X_A - tX'_S = (h - H - tZ'_S)\dfrac{a_{1i}x_{P_i} + a_{2i}f\sin\left(\dfrac{y_{P_i}}{f}\right) - a_{3i}f\cos\left(\dfrac{y_{P_i}}{f}\right)}{c_{1i}x_{P_i} + c_{2i}f\sin\left(\dfrac{y_{P_i}}{f}\right) - c_{3i}f\cos\left(\dfrac{y_{P_i}}{f}\right)} \\[4mm]
Y_A - tY'_S = (h - H - tZ'_S)\dfrac{b_{1i}x_{P_i} + b_{2i}f\sin\left(\dfrac{y_{P_i}}{f}\right) - b_{3i}f\cos\left(\dfrac{y_{P_i}}{f}\right)}{c_{1i}x_{P_i} + c_{2i}f\sin\left(\dfrac{y_{P_i}}{f}\right) - c_{3i}f\cos\left(\dfrac{y_{P_i}}{f}\right)}
\end{cases}
\tag{4-148}
$$

若以机平坐标系 $F(S\text{-}X_F Y_F Z_F)$ 为参考，并且航空平台保持匀速平直飞行，即 $X'_S = V_X = V\cos\gamma$，$Y'_S = V\sin\gamma$（γ 为偏流角），$Z'_S = 0$，κ、φ'、ω'、κ' 均为 0，则：

$$
\begin{cases}
a_{1i} = \cos\varphi_i\cos\kappa_i - \sin\varphi_i\sin\omega_i\sin\kappa_i = \cos\varphi_0 \\
a_{2i} = -\cos\varphi_i\sin\kappa_i - \sin\varphi_i\sin\omega_i\cos\kappa_i = -\sin\varphi_0\sin\omega_0 \\
a_{3i} = -\sin\varphi_i\cos\omega_i = -\sin\varphi_0\cos\omega_0 \\
b_{1i} = \cos\omega_i\sin\kappa_i = 0 \\
b_{2i} = \cos\omega_i\cos\kappa_i = \cos\omega_0 \\
b_{3i} = -\sin\omega_i = -\sin\omega_0 \\
c_{1i} = \sin\varphi_i\cos\kappa_i + \cos\varphi_i\sin\omega_i\sin\kappa_i = \sin\varphi_0 \\
c_{2i} = -\sin\varphi_i\sin\kappa_i + \cos\varphi_i\sin\omega_i\cos\kappa_i = \cos\varphi_0\sin\omega_0 \\
c_{3i} = \cos\varphi_i\cos\omega_i = \cos\varphi_0\cos\omega_0
\end{cases}
$$

所以

$$
\begin{cases}
\tan\left(\dfrac{y_{P_i}}{f}\right) = -\dfrac{a_{2i}(X_A - tV\cos\gamma) + b_{2i}(Y_A - tV\sin\gamma) + c_{2i}(h - H)}{a_{3i}(X_A - tV\cos\gamma) + b_{3i}(Y_A - tV\sin\gamma) + c_{3i}(h - H)} \\[4mm]
\dfrac{x_{P_i}}{\cos\left(\dfrac{y_{P_i}}{f}\right)} = -f\dfrac{a_{1i}(X_A - tV\cos\gamma) + c_{1i}(h - H)}{a_{3i}(X_A - tV\cos\gamma) + b_{3i}(Y_A - tV\sin\gamma) + c_{3i}(h - H)}
\end{cases}
\tag{4-149}
$$

$$
\begin{cases}
X_A - tV\cos\gamma = (h - H)\dfrac{a_{1i}x_{P_i} + a_{2i}f\sin\left(\dfrac{y_{P_i}}{f}\right) - a_{3i}f\cos\left(\dfrac{y_{P_i}}{f}\right)}{c_{1i}x_{P_i} + c_{2i}f\sin\left(\dfrac{y_{P_i}}{f}\right) - c_{3i}f\cos\left(\dfrac{y_{P_i}}{f}\right)} \\[4mm]
Y_A - tV\sin\gamma = (h - H)\dfrac{b_{2i}f\sin\left(\dfrac{y_{P_i}}{f}\right) - b_{3i}f\cos\left(\dfrac{y_{P_i}}{f}\right)}{c_{1i}x_{P_i} + c_{2i}f\sin\left(\dfrac{y_{P_i}}{f}\right) - c_{3i}f\cos\left(\dfrac{y_{P_i}}{f}\right)}
\end{cases}
\tag{4-150}
$$

若外方位 3 个角元素为 0，则 $a_{1i} = b_{2i} = c_{3i} = 1$，$a_{2i} = a_{3i} = b_{1i} = b_{3i} = c_{1i} = c_{2i} = 0$，并且不考虑偏流角 γ，式(4-149)和式(4-150)可进一步简化为：

$$
\begin{cases}
\tan\left(\dfrac{y_{P_i}}{f}\right) = \dfrac{Y_A}{H - h} \\[4mm]
\dfrac{x_{P_i}}{\cos\left(\dfrac{y_{P_i}}{f}\right)} = f\dfrac{X_A - tV}{H - h}
\end{cases}
\tag{4-151}
$$

$$\begin{cases} X_A = (H-h)\dfrac{x_{P_i}}{f\cos\left(\dfrac{y_{P_i}}{f}\right)} + tV \\[4mm] Y_A = (H-h)\tan\left(\dfrac{y_{P_i}}{f}\right) \end{cases} \tag{4-152}$$

对式(4-151)进一步处理,得:

$$\begin{cases} y_{P_i} = f\arctan\left(\dfrac{Y_A}{H-h}\right) \\[4mm] x_{P_i} = f\cos\left(\dfrac{y_{P_i}}{f}\right)\dfrac{X_A - \dfrac{Vy_{P_i}}{f\theta'}}{H-h} \end{cases} \tag{4-153}$$

从图 4-13 可以看出:

$$\cos(\theta) = \cos\left(\frac{y_{P_i}}{f}\right) = \frac{H-h}{\sqrt{(H-h)^2 + Y_A^2}} \tag{4-154}$$

将式(4-154)代入式(4-151),得:

$$\begin{cases} y_{P_i} = f\arctan\left(\dfrac{Y_A}{H-h}\right) \\[4mm] x_{P_i} = f\dfrac{X_A - \dfrac{Vy_{P_i}}{f\theta'}}{\sqrt{(H-h)^2 + Y_A^2}} \end{cases} \tag{4-155}$$

4.4.3　补偿全景构像方程

　　由于全景成像时,平台的不断运动,导致图像中各列位置存在一定位移,如图 4-16 所示,其中地面扫描区域如图 4-16(b)所示。

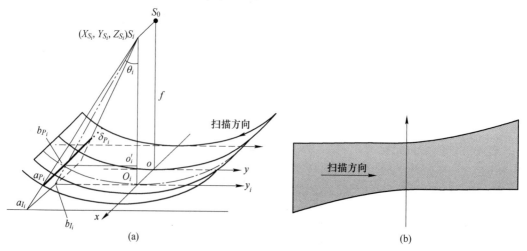

图 4-16　列位移示意图

(a) 全景扫描空间关系;(b) 扫描区域

设第 i 列和中心列的位移速度分别为 v_{P_i} 和 V_x，则有：

$$\frac{v_{P_i}}{V_x} = \frac{f\cos\theta}{H}$$

所以

$$v_P = \frac{f}{H} V_x \cos\theta \tag{4-156}$$

位移量为：

$$\delta_{P_i} = \int_0^t v_P \mathrm{d}t = \int_0^t \frac{f}{H} V_x \cos\theta \mathrm{d}t \tag{4-157}$$

因为

$$\theta = t\theta' \Rightarrow \mathrm{d}\theta = \theta'\mathrm{d}t \Rightarrow \mathrm{d}t = \frac{\mathrm{d}\theta}{\theta'}$$

故

$$\delta_{P_i} = \int_0^\theta \frac{f}{H} V_x \cos\theta \frac{\mathrm{d}\theta}{\theta'} = \frac{fV_x}{H\theta'}\sin\theta = \frac{fV_x}{H\theta'}\sin\left(\frac{y_{P_i}}{f}\right) \tag{4-158}$$

因此，全景图像中每一列纵向之间的位置关系如图 4-17 所示。设全景图像列真实位置设为 x'_{P_i}，实际成像时的位置为 x_{P_i}，则：

$$x_{P_i} = x'_{P_i} - \delta_{P_i} \tag{4-159}$$

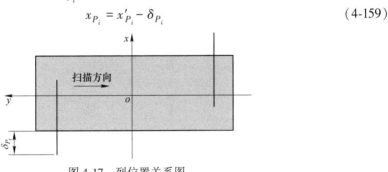

图 4-17　列位置关系图

4.5　红外行扫仪构像方程

红外行扫仪一般采用点扫描方式，对地面景物靠扫描镜在与航向相垂直的方向的摆动或旋转依次向下扫描。航向扫描则以航空平台的飞行实现。

4.5.1　基本构像方程

红外行扫仪扫描方向一般是朝原点看为逆时针（沿飞机轴向看为顺时针），如图 4-18 所示。

顺迹扫描式成像原理如图 4-19 所示。

设在红外行扫仪图像上 l_i 列有一个像点 a_{P_i}，y 方向坐标 y_{P_i}（像素点数表示），则：

$$\theta_i = y_{P_i}\theta_{横} \tag{4-160}$$

式中，$\theta_{横}$ 为横向瞬时视场角。

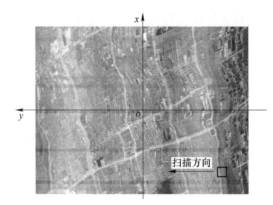

图 4-18 红外行扫仪图像

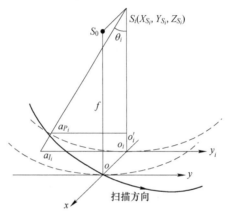

图 4-19 红外行扫仪构像

设红外系统等效焦距为 f，红外图像上 l_i 列上的像点 a_{P_i} 在像空间坐标系中 y_{I_i} 方向坐标为：

$$y_{I_i} = a_{I_i}o = f\tan\theta_i = f\tan(y_{P_i}\theta_横) \tag{4-161}$$

真实成像面上真实像点 a_{P_i} 在像空间坐标系（感光面为平面）下坐标为 $(0, f\tan\theta_i, -f)$。故根据摄影中心点、像点和地面物点三点一线中心投影原理，可得红外行扫仪构像方程为：

$$
\begin{cases}
x_{P_i} = 0 = -f\dfrac{a_{1i}(X_A - X_{S_i}) + b_{1i}(Y_A - Y_{S_i}) + c_{1i}(Z_A - Z_{S_i})}{a_{3i}(X_A - X_{S_i}) + b_{3i}(Y_A - Y_{S_i}) + c_{3i}(Z_A - Z_{S_i})} \\[4mm]
f\tan\theta_i = -f\dfrac{a_{2i}(X_A - X_{S_i}) + b_{2i}(Y_A - Y_{S_i}) + c_{2i}(Z_A - Z_{S_i})}{a_{3i}(X_A - X_{S_i}) + b_{3i}(Y_A - Y_{S_i}) + c_{3i}(Z_A - Z_{S_i})}
\end{cases}
\tag{4-162}
$$

式（4-162）逆方程为：

$$
\begin{cases}
X_A - X_{S_i} = (Z_A - Z_{S_i})\dfrac{a_{2i}f\tan\theta_i - a_{3i}f}{c_{2i}f\tan\theta_i - c_{3i}f} \\[4mm]
Y_A - Y_{S_i} = (Z_A - Z_{S_i})\dfrac{b_{2i}f\tan\theta_i - b_{3i}f}{c_{2i}f\tan\theta_i - c_{3i}f}
\end{cases}
\tag{4-163}
$$

将式(4-163)进一步整理，得：

$$
\begin{cases}
X_A - X_{S_i} = (Z_A - Z_{S_i}) \dfrac{a_{2i}\sin\theta_i - a_{3i}\cos\theta_i}{c_{2i}\sin\theta_i - c_{3i}\cos\theta_i} \\[4mm]
Y_A - Y_{S_i} = (Z_A - Z_{S_i}) \dfrac{b_{2i}\sin\theta_i - b_{3i}\cos\theta_i}{c_{2i}\sin\theta_i - c_{3i}\cos\theta_i}
\end{cases}
\tag{4-164}
$$

由于这种点扫描方式得到的一幅图像是一个多中心投影方式，每个像元对应一个摄影中心，不同的像元对应不同的投影中心。因此，式(4-162)和式(4-164)只对一个像元有效，对于不同的像元，式中的θ_i及外方位元素X_{S_i}、Y_{S_i}、Z_{S_i}、φ_i、ω_i、κ_i均不同，是时间t的函数。

在整幅图像上，某像元的坐标用x_{P_i}、y_{P_i}表示，如图4-20所示。

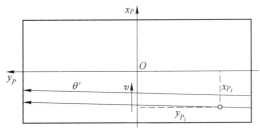

图4-20　像素坐标

它们是时间t的函数。以图像中心点O为参考点，像点(x_{P_i}, y_{P_i})距中心点O的时间差t为：

$$
t = \Delta t_x + \Delta t_y
\tag{4-165}
$$

其中，
$$
\begin{cases}
\Delta t_x = \dfrac{x_{P_i} H \theta_{纵}}{V_X} = x_{P_i} T \\[4mm]
\Delta t_y = \dfrac{y_{P_i} \theta_{横}}{\theta'}
\end{cases}
\tag{4-166}
$$

式中，H为航高；T为转动周期；V_X为X轴方向的地速分量；$\theta_{纵}$为纵向瞬时视场角；$\theta_{横}$为横向瞬时视场角；θ'为横向扫描角速率。

4.5.2　简化构像方程

若以机平坐标系为参考，并且航空平台保持匀速平直飞行，即：$X_S' = V_X = V\cos\gamma$，$Y_S' = V\sin\gamma$（γ为偏流角），$Z_S' = 0$，κ、φ'、ω'、κ'均为0，则式(4-162)和式(4-164)可改写为：

$$
\begin{cases}
x_{P_i} = 0 = -\dfrac{a_{1i}(X_A - Vt\cos\gamma) + c_{1i}(h - H)}{a_{3i}(X_A - Vt\cos\gamma) + b_{3i}(Y_A - tV\sin\gamma) + c_{3i}(h - H)} \\[4mm]
\tan\theta_i = -\dfrac{a_{2i}(X_A - Vt\cos\gamma) + b_{2i}(Y_A - tV\sin\gamma) + c_{2i}(h - H)}{a_{3i}(X_A - Vt\cos\gamma) + b_{3i}(Y_A - tV\sin\gamma) + c_{3i}(h - H)}
\end{cases}
\tag{4-167}
$$

$$
\begin{cases}
X_A - tV\cos\gamma = (h-H)\dfrac{a_{2i}\sin\theta_i - a_{3i}\cos\theta_i}{c_{2i}\sin\theta_i - c_{3i}\cos\theta_i} \\[4mm]
Y_A - tV\sin\gamma = (h-H)\dfrac{b_{2i}\sin\theta_i - b_{3i}\cos\theta_i}{c_{2i}\sin\theta_i - c_{3i}\cos\theta_i}
\end{cases}
\tag{4-168}
$$

不考虑偏流角 γ 时，再将式（4-165）代入式（4-167），得：

$$
\begin{cases}
x_{P_i}H\theta_{纵} + \dfrac{\theta_{横}}{\theta'}\dfrac{V}{} y_{P_i} = X_A - \dfrac{c_{1i}}{a_{1i}}(H-h) \\[4mm]
\tan(y_{P_i}\theta_{横}) = -\dfrac{a_{2i}\left(X_A - x_{P_i}H\theta_{纵} - \dfrac{y_{P_i}\theta_{横}}{\theta'}V\right) + b_{2i}Y_A + c_{2i}(h-H)}{a_{3i}\left(X_A - x_{P_i}H\theta_{纵} - \dfrac{y_{P_i}\theta_{横}}{\theta'}V\right) + b_{3i}Y_A + c_{3i}(h-H)}
\end{cases}
\tag{4-169}
$$

将式（4-165）代入式（4-168），得：

$$
\begin{cases}
X_A = (h-H)\dfrac{a_{2i}\sin(y_{P_i}\theta_{横}) - a_{3i}\cos(y_{P_i}\theta_{横})}{c_{2i}\sin(y_{P_i}\theta_{横}) - c_{3i}\cos(y_{P_i}\theta_{横})} + x_{P_i}H\theta_{纵} + \dfrac{y_{P_i}\theta_{横}}{\theta'}V \\[4mm]
Y_A = (h-H)\dfrac{b_{2i}\sin(y_{P_i}\theta_{横}) - b_{3i}\cos(y_{P_i}\theta_{横})}{c_{2i}\sin(y_{P_i}\theta_{横}) - c_{3i}\cos(y_{P_i}\theta_{横})}
\end{cases}
\tag{4-170}
$$

若机平坐标系，航空平台外方位的 3 个角元素 $\varphi = \omega = \kappa = 0$，则 $a_{2i} = a_{3i} = b_{1i} = b_{3i} = c_{1i} = c_{2i} = 0$，$a_{1i} = b_{2i} = c_{3i} = 1$，则红外行扫仪构像方程（横迹扫描成像）式（4-169）和式（4-170）可以进一步简化为：

$$
\begin{cases}
y_{P_i} = \dfrac{1}{\theta_{横}}\arctan\left(\dfrac{Y_A}{H-h}\right) \\[4mm]
x_{P_i} = \dfrac{X_A}{H\theta_{纵}} - \dfrac{V\theta_{横}}{H\theta_{纵}\,\theta'}y_{P_i}
\end{cases}
\tag{4-171}
$$

$$
\begin{cases}
X_A = x_{P_i}H\theta_{纵} + \dfrac{y_{P_i}\theta_{横}}{\theta'}V \\[4mm]
Y_A = (H-h)\tan(y_{P_i}\theta_{横})
\end{cases}
\tag{4-172}
$$

4.6　SAR 影像构像方程

雷达图像是地面目标的距离投影，通常有斜距显示和地距显示两种形式。斜距显示的雷达图像记录了目标点到天线的斜距，地距显示的雷达图像记录了目标点到天线的水平距离，其成像几何关系如图 4-21 所示。

现有文献中，关于 SAR 图像构像方程表达主要有两种：一种是用距离条件和多普勒条件方程式来表达像点、目标点和雷达天线中心三者之间坐标关系；另一种采用共线方程来表达这种关系。

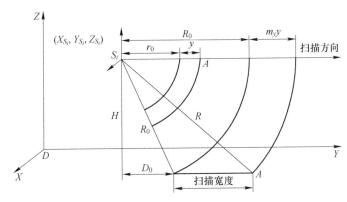

图 4-21　SAR 成像几何关系

4.6.1　距离-多普勒条件构像模型

由于雷达侧向扫描平台恒垂直于航空平台运动的速度矢量，则多普勒条件成立，即：

$$\boldsymbol{RV} = \begin{bmatrix} X_A - X_{S_i} \\ Y_A - Y_{S_i} \\ Z_A - Z_{S_i} \end{bmatrix} \begin{bmatrix} V_X \\ V_Y \\ V_Z \end{bmatrix} \tag{4-173}$$

用坐标表示的多普勒条件方程为：

$$V_X(X_A - X_{S_i}) + V_Y(Y_A - Y_{S_i}) + V_Z(Z_A - Z_{S_i}) = 0 \tag{4-174}$$

距离条件为：

$$R = R_0 + m_y y = m_y(r_0 + y) = \sqrt{(X_A - X_{S_i})^2 + (Y_A - Y_{S_i})^2 + (Z_A - Z_{S_i})^2} \tag{4-175}$$

式中，R_0、r_0 为扫描延迟；m_y 为雷达图像距离向的比例尺分母；y 为斜距投影的雷达图像上像点的距离向坐标。

式(4-174)和式(4-175)中，X_{S_i}、Y_{S_i}、Z_{S_i}、V_X、V_Y 和 V_Z 都是时间 t 的函数。式(4-174)和式(4-175)构成了用距离和多普勒条件表示的 SAR 图像构像方程（即 Leberl 构像模型），也是目前最常用的 SAR 构像模型之一。

假设航空平台飞行速度稳定不变，则摄影中心坐标可以近似表示为：

$$\begin{cases} X_{S_i} = X_{S_0} + V_X t \\ Y_{S_i} = Y_{S_0} + V_Y t \\ Z_{S_i} = Z_{S_0} + V_Z t \end{cases} \tag{4-176}$$

式中，X_{S_0}、Y_{S_0}、Z_{S_0} 为雷达图像参考行的摄影中心坐标；t 为当前行的成像时间（相对于参考行而言）。

将式(4-176)代入式(4-174)，得：

$$V_X(X_A - X_{S_0} - V_X t) + V_Y(Y_A - Y_{S_0} - V_Y t) + V_Z(Z_A - Z_{S_0} - V_Z t) = 0$$

整理可得：

$$t = \frac{V_X(X_A - X_{S_0}) + V_Y(Y_A - Y_{S_0}) + V_Z(Z_A - Z_{S_0})}{V_X^2 + V_Y^2 + V_Z^2} \tag{4-177}$$

由式(4-175)和式(4-177)整理，得：

$$
\begin{cases}
y = \dfrac{R - R_0}{m_y} = \dfrac{\sqrt{(X_A - X_{S_i})^2 + (Y_A - Y_{S_i})^2 + (Z_A - Z_{S_i})^2} - R_0}{m_y} \\[4mm]
x = \dfrac{tV_X}{m_x} = \dfrac{V_X}{m_x} \dfrac{V_X(X_A - X_{S_0}) + V_Y(Y_A - Y_{S_0}) + V_Z(Z_A - Z_{S_0})}{V_X^2 + V_Y^2 + V_Z^2}
\end{cases} \tag{4-178}
$$

式中，m_x、m_y 分别为雷达图像中方位向和距离向比例尺分母；r_0 为距离向扫描延迟；x、y 为雷达图像像点的方位向和距离向坐标。

航空平台保持平直飞行，则 $V_X = V$，$V_Y = V_Z = 0$，此时 t 为：

$$
t = \frac{X_A - X_{S_0}}{V} \tag{4-179}
$$

将式(4-179)代入式(4-178)，得，

$$
\begin{cases}
y = \dfrac{\sqrt{(Y_A - Y_{S_0})^2 + (Z_A - Z_{S_0})^2} - R_0}{m_y} \\[4mm]
x = \dfrac{X_A - X_{S_0}}{m_x}
\end{cases} \tag{4-180}
$$

若采用机平坐标系为参考，则式(4-180)可简写为：

$$
\begin{cases}
y = \dfrac{\sqrt{Y_A^2 + (H - h)^2} - R_0}{m_y} \\[4mm]
x = \dfrac{X_A}{m_x}
\end{cases} \tag{4-181}
$$

由式(4-181)可得：

$$
\begin{cases}
Y_A = \sqrt{(R_0 + m_y y)^2 - (H - h)^2} \\[2mm]
X_A = m_x x
\end{cases} \tag{4-182}
$$

4.6.2　共线方程构像模型

用共线方程表示 SAR 成像几何关系如图4-22所示。这种方法是1988年在京都举行的国际摄影测量与遥感学会会议上，由 G. Konecny 和 W. Schuhr 提出的平距投影的雷达成像模型。因此，这种方法也被为 Konecny 构像模型。

如图4-22所示，$O\text{-}XYZ$ 为空间直角坐标系，地面点 $A(X_A，Y_A，Z_A)$ 在扫描面 $S_i N' N''$ 内，其在地面上投影为 A_0，当外方位元素 φ（俯仰角）不为0时，点 A_0 不在扫描面 $S_i N' N''$ 内。$N' N''$ 为地面扫描线。以 S 为中心，以斜距 R 为半径在扫描面内划弧与扫描线 $N' N''$ 交点 A'，点 A' 与点 A 成像一致，也就是说点 A' 为等效地面点。

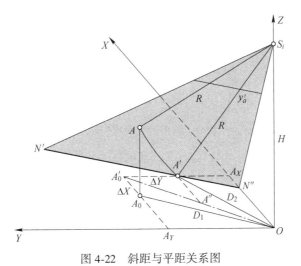

图 4-22 斜距与平距关系图

过点 A_0 作平行于 X 轴的线段 $\overline{A_0A_0'}$，与 $\overline{A_XA'}$ 相交于 A_0'。过 A' 作平行于 X 轴的线段交 $\overline{A_0'O}$ 于点 A''，令

$$
\begin{cases}
A_0'A_X = Y_i - Y_{S_i} \\
A''O \approx A'O = \sqrt{R^2 - H^2} = \sqrt{(X_A - X_{S_i})^2 + (Y_A - Y_{S_i})^2 + (Z_A - Z_{S_i})^2 - H^2} \\
A_0'O \approx A_0O = \sqrt{(X_A - X_{S_i})^2 + (Y_A - Y_{S_i})^2}
\end{cases} \tag{4-183}
$$

从图 4-21 可以看出：

$$
\frac{A_0'A_X - A'A_X}{A_0'A_X} = \frac{\Delta Y}{Y_A - Y_{S_i}} = \frac{A_0'O - A''O}{A_0'O} \approx \frac{\sqrt{(X_A - X_{S_i})^2 + (Y_A - Y_{S_i})^2} - A''O}{\sqrt{(X_A - X_{S_i})^2 + (Y_A - Y_{S_i})^2}}
$$

则：

$$
\frac{\Delta Y}{Y_A - S_{Yi}} \approx \frac{\sqrt{(X_A - X_{S_i})^2 + (Y_A - Y_{S_i})^2} - \sqrt{(X_A - X_{S_i})^2 + (Y_A - Y_{S_i})^2 + (Z_A - Z_{S_i})^2 - H^2}}{\sqrt{(X_A - X_{S_i})^2 + (Y_A - Y_{S_i})^2}}
$$

另

$$
P = \frac{\sqrt{(X_A - X_{S_i})^2 + (Y_A - Y_{S_i})^2} - \sqrt{(X_A - X_{S_i})^2 + (Y_A - Y_{S_i})^2 + (Z_A - Z_{S_i})^2 - H^2}}{\sqrt{(X_A - X_{S_i})^2 + (Y_A - Y_{S_i})^2}}
$$

$$
\tag{4-184}
$$

则：
$$
\Delta Y = P(Y_A - Y_{S_i}) \tag{4-185}
$$

同理可得：
$$
\Delta X = P(X_A - X_{S_i}) \tag{4-186}
$$

所以

$$\begin{cases} X'_A = X_A - P(X_A - X_{S_i}) \\ Y'_A = Y_A - P(Y_A - Y_{X_i}) \\ Z'_A = 0 \end{cases} \tag{4-187}$$

由式(4-185)和式(4-187)可知，A_0 点的地面坐标与 A 点的地面坐标之间存在的转换关系为：

$$\begin{cases} X'_A - X_{S_i} = \lfloor X_A - P(X_A - X_{S_i}) \rfloor - X_{S_i} = (1 - P)(X_A - X_{S_i}) \\ Y'_A - Y_{S_i} = [Y_A - P(Y_A - Y_{S_i})] - Y_{S_i} = (1 - P)(Y_A - Y_{S_i}) \\ Z'_A - Z_{S_i} = 0 - Z_{S_i} = -H \end{cases} \tag{4-188}$$

故根据中心投影方程，得：

$$\begin{cases} 0 = -f \dfrac{a_{1i}(1 - P)(X_A - X_{S_i}) + b_{1i}(1 - P)(Y_A - Y_{S_i}) - c_{1i}H}{a_{3i}(1 - P)(X_A - X_{S_i}) + b_{3i}(1 - P)(Y_A - Y_{S_i}) - c_{3i}H} \\ y_i = -f \dfrac{a_{2i}(1 - P)(X_A - X_{S_i}) + b_{2i}(1 - P)(Y_A - Y_{S_i}) - c_{2i}H}{a_{3i}(1 - P)(X_A - X_{S_i}) + b_{3i}(1 - P)(Y_A - Y_{S_i}) - c_{3i}H} \end{cases} \tag{4-189}$$

反变换为：

$$\begin{cases} X'_A - X_{S_i} = (1 - P)(X_A - X_{S_i}) = -H \dfrac{a_{2i}y_i - a_{3i}f}{c_{2i}y_i - c_{3i}f} \\ Y'_A - Y_{S_i} = (1 - P)(Y_A - Y_{S_i}) = -H \dfrac{b_{2i}y_i - b_{3i}f}{c_{2i}y_i - c_{3i}f} \end{cases} \tag{4-190}$$

另

$$\rho = 1 - P = \frac{\sqrt{(X_A - X_{S_i})^2 + (Y_A - Y_{S_i})^2 + (Z_A - Z_{S_i})^2 - H^2}}{\sqrt{(X_A - X_{S_i})^2 + (Y_A - Y_{S_i})^2}} = \frac{D_2}{D_1} \tag{4-191}$$

其中，

$$\begin{cases} D_1 = \sqrt{(X_A - X_{S_i})^2 + (Y_A - Y_{S_i})^2} \\ D_2 = \sqrt{(X_A - X_{S_i})^2 + (Y_A - Y_{S_i})^2 + (Z_A - Z_{S_i})^2 - H^2} \end{cases} \tag{4-192}$$

另外，从图4-22中，还可以看出：

$$\begin{cases} D_2 = \sqrt{(X_{A'} - X_{S_i})^2 + (Y_{A'} - Y_{S_i})^2} \\ D_2 = \sqrt{(X_{A'} - X_{S_i})^2 + (Y_{A'} - Y_{S_i})^2 - (h - H)^2} \end{cases} \tag{4-193}$$

则式(4-189)和式(4-190)可分别写为：

$$\begin{cases} 0 = -f \dfrac{a_{1i}\rho(X_A - X_{S_i}) + b_{1i}\rho(Y_A - Y_{S_i}) - c_{1i}H}{a_{3i}\rho(X_A - X_{S_i}) + b_{3i}\rho(Y_A - Y_{S_i}) - c_{3i}H} \\ y_i = -f \dfrac{a_{2i}\rho(X_A - X_{S_i}) + b_{2i}\rho(Y_A - Y_{S_i}) - c_{2i}H}{a_{3i}\rho(X_A - X_{S_i}) + b_{3i}\rho(Y_A - Y_{S_i}) - c_{3i}H} \end{cases} \tag{4-194}$$

$$\begin{cases} X'_A - X_{S_i} = \rho(X_A - X_{S_i}) = -H\dfrac{a_{2i}y_i - a_{3i}f}{c_{2i}y_i - c_{3i}f} \\[3mm] Y'_A - Y_{S_i} = \rho(Y_A - Y_{S_i}) = -H\dfrac{b_{2i}y_i - b_{3i}f}{c_{2i}y_i - c_{3i}f} \end{cases} \tag{4-195}$$

由于这种扫描方式得到的一幅图像是一个多中心投影方式，可以认为每行像元对应一个摄影中心，不同行的像元对应不同的投影中心。因此，式(4-194)和式(4-195)只对一行像元有效，对于不同行的像元，式中的外方位元素 X_{S_i}、Y_{S_i}、Z_{S_i}、φ_i、ω_i、κ_i 均不同，是时间 t 的函数。

当航空平台保持平稳飞行时，即俯仰角 $\varphi_i = 0$，则图 4-22 所示的地面目标点 A 与其在地面的投影 A_0 均在扫描面内，如图 4-23 所示。

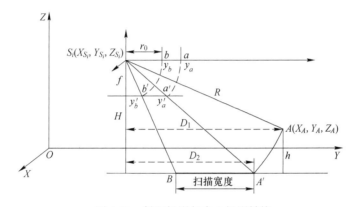

图 4-23　斜距投影与中心投影转换

设有高程为差为 h 的 A 点，在斜距显示 SAR 图像上的像点为 a，像点坐标为 y_a。而点等效线中心投影影像上的像点为 a'，相应的像点坐标为 $y_{a'}$，则 y_a 与 $y_{a'}$ 满足：

$$y_{a'} = \sqrt{(r_0 + y_a)^2 - f^2} \tag{4-196}$$

式中，r_0 为影像上的扫描延迟；f 为等效焦距。这时，天线中心点 S、像点 a'、地面点 A 严格满足共线关系。

ρ 由 D_2、D_1 确定，如图 4-23 所示。根据式(4-194)和式(4-195)可得：

$$\begin{cases} 0 = -f\dfrac{a_{1i}\rho(X_A - X_{S_i}) + b_{1i}\rho(Y_A - Y_{S_i}) - c_{1i}H}{a_{3i}\rho(X_A - X_{S_i}) + b_{3i}\rho(Y_A - Y_{S_i}) - c_{3i}H} \\[3mm] \sqrt{(r_0 + y_a)^2 - f^2} = -f\dfrac{a_{2i}\rho(X_A - X_{S_i}) + b_{2i}\rho(Y_A - Y_{S_i}) - c_{2i}H}{a_{3i}\rho(X_A - X_{S_i}) + b_{3i}\rho(Y_A - Y_{S_i}) - c_{3i}H} \end{cases} \tag{4-197}$$

$$\begin{cases} X'_A - X_{S_i} = \rho(X_A - X_{S_i}) = -H\dfrac{a_{2i}\sqrt{(r_0 + y_a)^2 - f^2} - a_{3i}f}{c_{2i}\sqrt{(r_0 + y_a)^2 - f^2} - c_{3i}f} \\[3mm] Y'_A - Y_{S_i} = \rho(Y_A - Y_{S_i}) = -H\dfrac{b_{2i}\sqrt{(r_0 + y_a)^2 - f^2} - b_{3i}f}{c_{2i}\sqrt{(r_0 + y_a)^2 - f^2} - c_{3i}f} \end{cases} \tag{4-198}$$

注意：式(4-197)和式(4-198)中 y_a 为斜距表示的 SAR 图像坐标，而式(4-194)和式

(4-195)中 y_i 为平（地）距表示的 SAR 图像坐标。

当地面为平坦区域时，$Z_A=0$，$\rho=1$，则式(4-194)和式(4-195)可分别写为：

$$\begin{cases} 0=-f\dfrac{a_{1i}(X_A-X_{S_i})+b_{1i}(Y_A-Y_{S_i})-c_{1i}H}{a_{3i}(X_A-X_{S_i})+b_{3i}(Y_A-Y_{S_i})-c_{3i}H} \\ y_i=-f\dfrac{a_{2i}(X_A-X_{S_i})+b_{2i}(Y_A-Y_{S_i})-c_{2i}H}{a_{3i}(X_A-X_{S_i})+b_{3i}(Y_A-Y_{S_i})-c_{3i}H} \end{cases} \quad (4\text{-}199)$$

$$\begin{cases} X_A-X_{S_i}=-H\dfrac{a_{2i}y_i-a_{3i}f}{c_{2i}y_i-c_{3i}f} \\ Y_A-Y_{S_i}=-H\dfrac{b_{2i}y_i-b_{3i}f}{c_{2i}y_i-c_{3i}f} \end{cases} \quad (4\text{-}200)$$

从式(4-199)和式(4-200)可以看出，此时 SAR 构像方程与线阵推扫构像方程相同，即 SAR 构像模式等效为线阵推扫构像模型。

5 影像目标定位

随着精确制导武器的大量应用，基于图像目标定位技术成为一项关键性实用技术，同时也是航空遥感的重要使命之一。基于航空图像的目标定位，根据实际应用需求的不同，可以在机平坐标系、计划坐标系、机北坐标系、地北坐标系或参北坐标系等不同的坐标系下，通过镜头中心、像点、物点三点共线原理建立构像模型，并通过构像模型计算确定在不同坐标系下的目标空间三维坐标$(X，Y，Z)$，然后根据需要再将转换为地理坐标系$(B，L，H)$。为不失一般性，本章主要以机北坐标系为例，分别介绍各类影像的目标定位基本原理。

5.1 单幅面阵影像目标定位

单幅面阵影像目标定位是利用单幅面阵图像进行地面目标点的定位，这种定位方法一般需要数字地面高程模型 DEM 的支持才能完成。如果目标处于相对平坦区域，可以把地面当作平地处理，则不需要数字地面高程模型 DEM 的支持。

5.1.1 基本原理

利用空间直线（成像时的投影光线）与空间曲面（地球表面）相交来确定地面点的空间位置，如图 5-1 所示。只要确定了空间上 S 点坐标$(X_S，Y_S，Z_S)$和 a 点坐标$(X_a，Y_a，Z_a)$，就能确定空间中一条直线 Sa，其延长线必然交地面于点 A；并且可以根据直线 Sa 和地面高程模型计算出点 A 的坐标$(X_A，Y_A，Z_A)$。

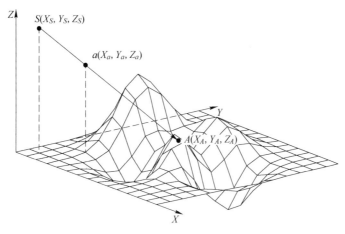

图 5-1 单幅影像目标定位原理示意图

5.1.2　计算方法

单幅影像目标定位需要完成像平面坐标系下的坐标(x_I, y_I)到地理坐标系下坐标(B, L, H)之间的转换，关键技术包括坐标转换、构像方程建立、地面高程确定、地北坐标系定位、机（地、参）北坐标系到地理坐标系转换等几个步骤。

5.1.2.1　构像方程建立

面阵影像构像方程如式(4-12)所示，如果采取机北坐标系，则$X_S = Y_S = Z_S = 0$，$Z_A = h - H$，所以式(4-12)可以转化为：

$$
\begin{cases}
X_A = (h - H)\dfrac{a_1 x_I + a_2 y_I - a_3 f}{c_1 x_I + c_2 y_I - c_3 f} \\[3mm]
Y_A = (h - H)\dfrac{b_1 x_I + b_2 y_I - b_3 f}{c_1 x_I + c_2 y_I - c_3 f}
\end{cases}
\tag{5-1}
$$

其中，a_1、a_2、a_3、b_1、b_2、b_3、c_1、c_2、c_3 由式(2-16)给出，即：

$$
\begin{cases}
a_1 = \cos\varphi_3 \cos\kappa_4 \\
a_2 = -\sin\varphi_3 \sin(\omega_3 - \omega_1)\cos\kappa_4 + \cos(\omega_3 - \omega_1)\sin\kappa_4 \\
a_3 = -\sin\varphi_3 \cos(\omega_3 - \omega_1)\cos\kappa_4 - \sin(\omega_3 - \omega_1)\sin\kappa_4 \\
b_1 = -\cos\varphi_3 \sin\kappa_4 \\
b_2 = \sin\varphi_3 \sin(\omega_3 - \omega_1)\sin\kappa_4 + \cos(\omega_3 - \omega_1)\cos\kappa_4 \\
b_3 = \sin\varphi_3 \cos(\omega_3 - \omega_1)\sin\kappa_4 - \sin(\omega_3 - \omega_1)\cos\kappa_4 \\
c_1 = \sin\varphi_3 \\
c_2 = \cos\varphi_3 \sin(\omega_3 - \omega_1) \\
c_3 = \cos\varphi_3 \cos(\omega_3 - \omega_1)
\end{cases}
$$

从面阵构像方程式(5-1)可以看出，通常情况下只要给出像平面坐标系中需要定位的目标像点坐标(x, y)、相机安装角（或扫描角）ω_1、相机俯仰角φ_3、相机侧滚角ω_3、真航向角κ_4，以及对应目标点高程信息h等参数，就可以通过上式计算得到像点对应的地面目标点在参北坐标系下的坐标(X_A, Y_A, Z_A)。

其中，目标像点坐标(x, y)根据需要直接在影像上提取，如图5-2所示。

相机安装角（或扫描角）ω_1可以在相机使用说明书中查询获得。相机俯仰角φ_3、相机侧滚角ω_3、真航向角κ_4一般需要由相机POS系统提供，但目前有些相机本身不带POS系统，在精度要求不高的情况下，也可以利用航空平台的状态参数近似计算。图5-3为遥感图像附带的注释信息，其包含定位所需要相关参数。

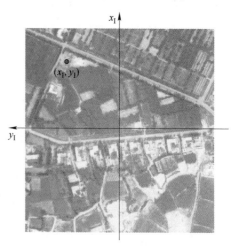

图 5-2　选取像点坐标

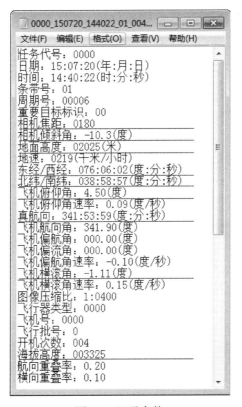

图 5-3 记录参数

5.1.2.2 地面高程确定

目标点高程信息 h，则在地面高程模型（DEM）的支持下，可以采用迭代计算确定目标 A 的高程，其原理示意图如 5-4 所示。

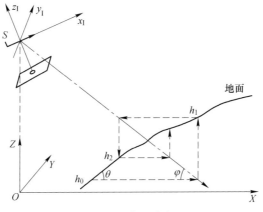

图 5-4 目标高程确定原理

首先，给定目标 A 高程的初始值，$Z_A = h_0$；再将 h_0 代入式（5-1）中，得到地面目标 A 新的坐标 (X_{A_0}, Y_{A_0})，即：

$$\begin{cases} X_{A_0} = (h_0 - H) \dfrac{a_1 x_I + a_2 y_I - a_3 f}{c_1 x_I + c_2 y_I - c_3 f} \\ Y_{A_0} = (h_0 - H) \dfrac{b_1 x_I + b_2 y_I - b_3 f}{c_1 x_I + c_2 y_I - c_3 f} \end{cases} \tag{5-2}$$

再由(X_{A_0}, Y_{A_0})在数字地面模型中，确定一个新的高程h_1。然后再代入式(5-1)中，又会得到新的位置(X_{A_1}, Y_{A_1})。以此反复，直到前后两次得到的位置小于某一阈值即可。此时的目标的位置值与高程值为目标的最终的位置与高程值。

从图5-4的搜索过程来看，一般情况下，投影光线与地面的夹角φ大于地面倾角θ时，高程搜索时才能收敛。对于地形起伏较大区域，可能不满足这一条件，出现不收敛的情况，例如现出死循环或发散状态，如图5-5所示。如果投影光线与地面的夹角φ等于地面倾角θ时，则会进入死循环，如图5-5(a)所示。此时，为了简化计算提高速度，取前后两次循环高程的中值作为新的初始值进入迭代，或直接将前后两次循环高程的中值作为最终的高程值。如果投影光线与地面的夹角φ小于地面倾角θ时，则会进入发散状态，如图5-5(b)所示。此时，则需要变换坐标轴进行计算，或取开始发散时两个高程值的均值为最终高程值。

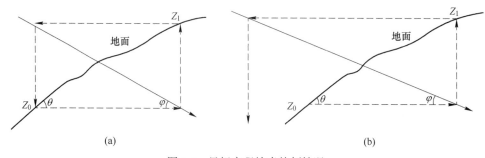

图5-5　目标高程搜索特例情况

5.1.2.3　机北坐标系到大地坐标系转换

机北坐标系X轴指向正北，Y轴指向正西，Z轴指向地球表面法线方向，如图5-6所示。

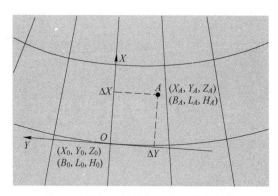

图5-6　机北坐标系与地理坐标系转换

一般情况下，航空图像的幅宽较小，因此地面目标 A 点在机（地）北坐标下的 X 轴坐标和 Y 轴坐标可认为是在纬度方向和经度方向上相对于地北坐标系坐标原点的距离差 ΔX、ΔY。然后，再将纬度和经度方向上的距离差 ΔX、ΔY 转换成纬度差 ΔB 与经度差 ΔL，即可以确定地面 A 的地理坐标系下坐标 (B, L)。

A　纬度确定

根据式(2-79)得：

$$B = B_0 + \Delta B = B_0 + \frac{\Delta X}{M_m + H_0} \tag{5-3}$$

式中，B_0 为机下点纬度；M_m 为纬度 B_0 处的子午圈曲率半径；H_0 为机下点海拔高度。

若将式(2-57)代入式(5-3)，得：

$$B = B_0 + \frac{\Delta X \left(1 - e^2 \sin^2 B_0\right)^{\frac{3}{2}}}{a\left(1 - e^2\right) + H_0 \left(1 - e^2 \sin^2 B_0\right)^{\frac{3}{2}}} \tag{5-4}$$

B　经度确定

一般航空图像的幅宽小于 20km，因此根据式(2-80)，得：

$$L = L_0 - \Delta L = L_0 - \frac{\Delta Y}{(N_0 + H_0)\cos B_0} \tag{5-5}$$

式中，L_0 为机下经度；N_0 为地面目标点 A 处纬度 B 处的卯酉圈曲率半径；B_0 为地面目标点 A 处的纬度；H_0 为机下点海拔高度。需要注意：机北坐标系的 Y 轴指向正西，而经度在我国所处地区朝东为增加方向，因此式(5-5)中前后两式取减号。

若将式(2-28)代入式(5-5)，得：

$$L = L_0 - \frac{Y_A}{\left(\dfrac{a}{\sqrt{1 - e^2 \sin^2 B_0}} + H_0\right)\cos B_0} \tag{5-6}$$

5.1.3　简化计算

若成像区域相对平坦，可以认为地面高程为 0，即式(5-1)中 $h = 0$，则式(5-1)可改写为：

$$\begin{cases} X_A = -H\dfrac{a_1 x_I + a_2 y_I - a_3 f}{c_1 x_I + c_2 y_I - c_3 f} \\[2mm] Y_A = -H\dfrac{b_1 x_I + b_2 y_I - b_3 f}{c_1 x_I + c_2 y_I - c_3 f} \end{cases} \tag{5-7}$$

由式(5-7)可以看出，目标点 A 在机（地）北坐标系下的坐标 (X_A, Y_A) 完全可以由像平面坐标系下像点坐标 (x, y) 和传感器的姿态（安装角 ω_1、相机俯仰角 φ_3、相机侧滚角 ω_3、真航向角 κ_4）直接确定，而不再需要考虑地面目标点 A 的高程信息。因此，这种情况下，不再需要数字地面高程模型 DEM，也省去了地面高程确定的迭代计算过程。

若航空平台保持等高匀速平直飞行，则相机俯仰角 φ_3、相机侧滚角 ω_3 均为 0，则式(2-16)简化为：

$$\begin{cases} a_1 = \cos\kappa_4 \\ a_2 = \cos\omega_1 \sin\kappa_4 \\ a_3 = \sin\omega_1 \sin\kappa_4 \\ b_1 = -\sin\kappa_4 \\ b_2 = \cos\omega_1 \cos\kappa_4 \\ b_3 = \sin\omega_1 \cos\kappa_4 \\ c_1 = 0 \\ c_2 = -\sin\omega_1 \\ c_3 = \cos\omega_1 \end{cases} \tag{5-8}$$

所以，式(5-1)可简化为：

$$\begin{cases} X_A = (H - h) \dfrac{x_I\cos\kappa_4 + y_I\cos\omega_1\sin\kappa_4 - f\sin\omega_1\sin\kappa_4}{y_I\sin\omega_1 + f\cos\omega_1} \\[3mm] Y_A = (H - h) \dfrac{-x_I\sin\kappa_4 + y_I\cos\omega_1\cos\kappa_4 - f\sin\omega_1\cos\kappa_4}{y_I\sin\omega_1 + f\cos\omega_1} \end{cases} \tag{5-9}$$

在机北坐标系下，若航空平台保持等高匀速平直飞行，并且采取临空垂直成像方式，则安装角 ω_1 为 0，则式(5-9)可进一步简化为：

$$\begin{cases} X_A = \dfrac{H - h}{f}(x_I\cos\kappa_4 + y_I\sin\kappa_4) = \dfrac{H - h}{f}x_I' \\[3mm] Y_A = \dfrac{H - h}{f}(-x_I\sin\kappa_4 + y_I\cos\kappa_4) = \dfrac{H - h}{f}y_I' \end{cases} \tag{5-10}$$

此时，像平面坐标系、地北坐标系、机北坐标系、参北坐标系之间关系如图 5-7 所示。

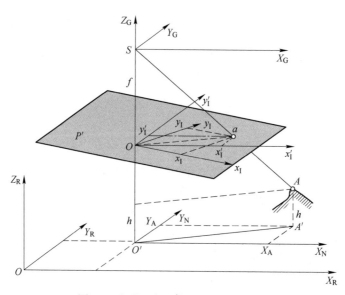

图 5-7　机北坐标系与地理坐标系转换

在机平坐标系下，若航空平台保持等高匀速平直飞行，则式(5-9)可进一步简化为：

$$
\begin{cases}
X_A = (H - h) \dfrac{x_I}{y_I \sin\omega_1 + f\cos\omega_1} \\
Y_A = (H - h) \dfrac{y_I \cos\omega_1 - f\sin\omega_1}{y_I \sin\omega_1 + f\cos\omega_1}
\end{cases}
\tag{5-11}
$$

在机平坐标系下，若航空平台保持等高匀速平直飞行，并且采取临空垂直成像方式，则安装角 ω_1 为 0，则式(5-11)可进一步简化为：

$$
\begin{cases}
X_A = \dfrac{H - h}{f} x_I \\
Y_A = \dfrac{H - h}{f} y_I
\end{cases}
\tag{5-12}
$$

在机平坐标系下，若航空平台保持等高匀速平直飞行，并且采取临空垂直成像方式，则安装角 ω_1 为 0，并且在平坦地区成像（$h=0$），则式(5-12)可进一步简化为：

$$
\begin{cases}
X_A = \dfrac{H}{f} x_I \\
Y_A = \dfrac{H}{f} y_I
\end{cases}
\tag{5-13}
$$

5.2 双幅面阵影像目标定位

利用两幅具有一定重叠关系的航空图像进行地面目标点定位，称为双像定位，或立体定位。基于单幅图像的目标点定位需要数字地面模型 *DTM* 的支持，而获取目标区域的 *DTM* 又不是一件简单的工作。双像定位则不需要数字地面模型 *DTM* 的支持。

5.2.1 基本原理

依据空间直线（投影光线）交会的原理确定地面目标点的空间位置，如图 5-8 所示。

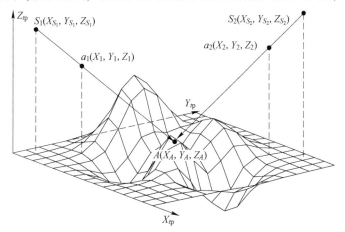

图 5-8 双像定位原理示意图

确定了空间上点 S_1 ［坐标为 $(X_{S_1}, Y_{S_1}, Z_{S_1})$］ 和 a_1 点 ［坐标为 (X_1, Y_1, Z_1)］，就能确定空间中一条直线 $S_1 a_1$；确定了空间上点 S_2 ［坐标为 $(X_{S_2}, Y_{S_2}, Z_{S_2})$］ 和 a_2 点 ［坐标为 (X_2, Y_2, Z_2)］，就能确定空间中一条直线 $S_2 a_2$。如果 a_1 点和 a_2 点是同名像点（相同地物形成的像点），则 $S_1 a_1$ 和 $S_2 a_2$ 延长线必然交地面于点 A。并且可以根据直线 $S_1 a_1$ 和 $S_2 a_2$ 在空间交点计算出点 A 的坐标 (X_A, Y_A, Z_A)。因此，这种定位原理称为前方交会原理。

5.2.2　计算方法

如图 5-9 所示，像点 a_1 和 a_2 在机北坐标系中的坐标可以采用式（2-13）直接计算得到，即：

$$\begin{bmatrix} X_1 \\ Y_1 \\ Z_1 \end{bmatrix} = \boldsymbol{R}_1 \begin{bmatrix} x_1 \\ y_1 \\ -f \end{bmatrix}, \quad \begin{bmatrix} X_2 \\ Y_2 \\ Z_2 \end{bmatrix} = \boldsymbol{R}_2 \begin{bmatrix} x_2 \\ y_2 \\ -f \end{bmatrix} \tag{5-14}$$

式中，$\boldsymbol{R}_1$ 为左片的转换矩阵；$\boldsymbol{R}_2$ 为右片的转换矩阵；$(x_1, y_1, -f)$ 为左图像上的像点 a_1 的像空间坐标；$(x_2, y_2, -f)$ 为左图像上的像点 a_2 的像空间坐标。

从图 5-9 中可以看出：

$$\begin{cases} K_1 = \dfrac{S_1 A}{S_1 \alpha_1} = \dfrac{\Delta X_1}{X_1} = \dfrac{\Delta Y_1}{Y_1} = \dfrac{\Delta Z_1}{Z_1} \\[3mm] K_2 = \dfrac{S_2 A}{S_2 \alpha_2} = \dfrac{\Delta X_2}{X_2} = \dfrac{\Delta Y_2}{Y_2} = \dfrac{\Delta Z_2}{Z_2} \end{cases} \tag{5-15}$$

式中，K_1、K_2 称为投影系数，则：

$$\begin{cases} \Delta X_1 = K_1 X_1, \ \Delta Y_1 = K_1 Y_1, \ \Delta Z_1 = K_1 Z_1 \\[2mm] \Delta X_2 = K_2 X_2, \ \Delta Y_2 = K_2 Y_2, \ \Delta Z_2 = K_2 Z_2 \end{cases} \tag{5-16}$$

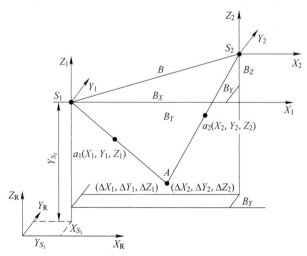

图 5-9　空间前方交会原理示意图

因为 (B_X, B_Y, B_Z) 是摄影中心 S_2 在左侧以摄影中心 S_1 为原点的直角坐标下的坐标，从式(5-16)中可得：

$$\begin{cases} \Delta X_1 = K_1 X_1 = B_X + \Delta X_2 = B_X + K_2 X_2 \\ \Delta Z_1 = K_1 Z_1 = B_Z + \Delta Z_2 = B_Z + K_2 Z_2 \end{cases} \tag{5-17}$$

通过求解式(5-17)可得：

$$\begin{cases} K_1 = \dfrac{B_X Z_2 - B_Z X_2}{X_1 Z_2 - X_2 Z_1} \\ K_2 = \dfrac{B_X Z_1 - B_Z X_1}{X_1 Z_2 - X_2 Z_1} \end{cases} \tag{5-18}$$

从式(5-16)中还可得：

$$\begin{cases} \Delta Y_1 = K_1 Y_1 = B_Y + K_2 Y_2 \\ \Delta Z_1 = K_1 Z_1 = B_Z + K_2 Z_2 \end{cases} \tag{5-19}$$

由式(5-19)可得：

$$\begin{cases} K_1 = \dfrac{B_Y Z_2 - B_Z Y_2}{Y_1 Z_2 - Y_2 Z_1} \\ K_2 = \dfrac{B_Y Z_1 - B_Z Y_1}{Y_1 Z_2 - Y_2 Z_1} \end{cases} \tag{5-20}$$

将式(5-18)或式(5-20)代入式(5-17)，可以得到地面目标处的三维坐标。例如，将式(5-18)中 K_1 代入式(5-17)，得：

$$\begin{cases} \Delta X_1 = \dfrac{B_X Z_2 - B_Z X_2}{X_1 Z_2 - X_2 Z_1} X_1 \\ \Delta Y_1 = \dfrac{B_X Z_2 - B_Z X_2}{X_1 Z_2 - X_2 Z_1} Y_1 \\ \Delta Z_1 = \dfrac{B_X Z_2 - B_Z X_2}{X_1 Z_2 - X_2 Z_1} Z_1 \end{cases} \tag{5-21}$$

然后将 ΔX_1、ΔY_1 分别按照式(5-4)和式(5-6)转换成大地坐标系中的坐标。

5.2.3 简化计算

如果在机平坐标系下，等高垂直成像，如图 5-10 所示。

此时，$X_1 = x_1$、$X_2 = x_2$、$Y_1 = y_1$、$Y_2 = y_2$，且 $\varphi = \omega = \kappa = 0$，所以 $a_{11} = b_{12} = c_{13} = a_{21} = b_{22} = c_{23} = 1$，转换矩阵中其他元素为 0，$Z_1 = Z_2$，$B_Z = 0$，所以由式(5-18)和式(5-20)可得 $K_1 = K_2$，即：

$$K = \frac{B_X}{x_1 - x_2} = \frac{B_Y}{y_1 - y_2} \tag{5-22}$$

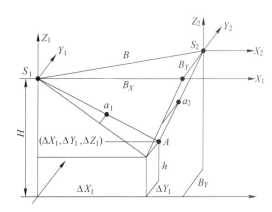

图 5-10 机平坐标系下等高垂直成像

注意：在实际利用式(5-22)进行定位计算的过程中，若 x_1、x_2 或 y_1、y_2 差值较小时，会引入较大的测量误差。因此，为了减少测量误差的影响，取 x_1-x_2、y_1-y_2 中较大的差值用于计算 K 值。

5.3　线阵推扫影像目标定位

线阵推扫式影像定位原理与面阵图像相似，仍然是采用中心投影成像模型来计算得到。

5.3.1　基本原理

在机平坐标系下，$X_{S_0} = Y_{S_0} = Z_{S_0} = 0$，以图像中心点为坐标原点，则根据式(4-111)可知：

$$\begin{cases} X_A = (h - H - tZ_S') \dfrac{a_{2i}y_i - a_{3i}f}{c_{2i}y_i - c_{3i}f} + tX_S' \\ Y_A = (h - H - tZ_S') \dfrac{b_{2i}y_i - b_{3i}f}{c_{2i}y_i - c_{3i}f} + tY_S' \end{cases} \tag{5-23}$$

式中，f 为相机焦距；X_S'、Y_S'、Z_S' 分别为 X_S、Y_S、Z_S 的一阶变化率；a_{2i}、a_{3i}、b_{2i}、b_{3i}、c_{2i}、c_{3i} 为坐标转换矩阵中元素；H 为航空平台的真高；x_i、y_i 为第 i 行相对参考行投影中心的坐标，如图5-11所示。

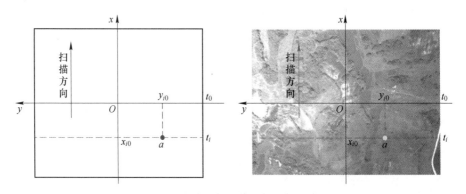

图5-11　线阵推扫影像目标坐标示意图

5.3.2　计算方法

从式（5-23）可以看出，通常情况下只要给出像平面坐标系中需要定位的目标像点坐标 (x_{i0}, y_{i0})、相机安装角（或扫描角）ω_1、相机俯仰角 φ_3、相机侧滚角 ω_3，以及对应目标点高程信息 h 等参数，就可以通过上式计算得到像点对应的地面目标点在机平坐标系下的坐标 (X_A, Y_A, Z_A)。

为了简化计算，式中 a_{2i}、a_{3i}、b_{2i}、b_{3i}、c_{2i}、c_{3i} 根据式(4-108)和式(4-109)，由相机安装角（或扫描角）ω_1、相机俯仰角 φ_3、相机侧滚角 ω_3 共同确定。

时间 t 由式(4-132)或式(4-139)确定，即：

$$t = \begin{cases} \dfrac{Hx_i}{V_X f} & （垂直安装） \\[4mm] \dfrac{1}{\cos^2\omega_1}\dfrac{Hx_i}{V_X f} & （倾斜安装） \end{cases}$$

式中，V_X 为飞行地速 V 在 X 轴方向的分量；地面目标高程 H 可以参照单幅面阵图像迭代方式确定。

5.3.3 简化计算

若在机平坐标系下，航空平台保持匀速平直飞行（外方位 3 个线元素中，$X'_S = V$、$Y'_S = Z'_S = 0$，相机俯仰角 $\varphi_3 = 0$，相机侧滚角 $\omega_3 = 0$），则垂直成像状态下，相机安装角 $\omega_1 = 0$。此时，由式（2-16）可知，$b_{2i} = c_{3i} = 1$，$a_{2i} = a_{3i} = b_{3i} = c_{2i} = 0$，则式（5-23）可简化为：

$$\begin{cases} X_A = \dfrac{H}{f}x_i \\[4mm] Y_A = \dfrac{H-h}{f}y_i \end{cases} \tag{5-24}$$

若地面比较平坦，可以不考虑地面目标的高程（$h = 0$），则垂直成像时的定位计算式（5-24）进一步可简化为：

$$\begin{cases} X_A = \dfrac{H}{f}x_i \\[4mm] Y_A = \dfrac{H}{f}y_i \end{cases} \tag{5-25}$$

对比式（5-13）和式（5-26）可以看出，平坦地区航空平台保持匀速平直飞行时的图像目标定位计算式与面阵图像目标定位等效。

若在机平坐标系下，航空平台保持匀速平直飞行（外方位 3 个线元素中，$X'_S = V$、$Y'_S = Z'_S = 0$，相机俯仰角 $\varphi_3 = 0$，相机侧滚角 $\omega_3 = 0$），则倾斜成像状态下，相机安装角 $\omega_1 \neq 0$。此时，由式（2-16）可知，$b_{2i} = \cos\omega_1$、$b_{3i} = \sin\omega_1$、$c_{2i} = -\sin\omega_1$、$c_{3i} = \cos\omega_1$，$a_{2i} = a_{3i} = 0$，则式（5-23）可简化为：

$$\begin{cases} X_A = \dfrac{1}{\cos^2\omega_1}\dfrac{H}{f}x_i \\[4mm] Y_A = (H-h)\dfrac{y_i\cos\omega_1 - f\sin\omega_1}{y_i\sin\omega_1 + f\cos\omega_1} \end{cases} \tag{5-26}$$

5.4 全景影像目标定位

全景影像目标定位与面阵、线阵影像目标定位的基本思想相同，是利用全景影像构像模型进行目标定位。

5.4.1　基本原理

在机平坐标系下，$X_{S_0} = Y_{S_0} = Z_{S_0} = 0$，以图像中心点为坐标原点，则根据式（4-144）可知：

$$\begin{cases} X_A = (h - H - t_i Z_S') \dfrac{a_{1i} x_{P_i} + a_{2i} f \sin \dfrac{y_{P_i}}{f} - a_{3i} f \cos \dfrac{y_{P_i}}{f}}{c_{1i} x_{P_i} + c_{2i} f \sin \dfrac{y_{P_i}}{f} - c_{3i} f \cos \dfrac{y_{P_i}}{f}} + t_i X_S' \\[4mm] Y_A = (h - H - t_i Z_S') \dfrac{b_{1i} x_{P_i} + b_{2i} f \sin \dfrac{y_{P_i}}{f} - b_{3i} f \cos \dfrac{y_{P_i}}{f}}{c_{1i} x_{P_i} + c_{2i} f \sin \dfrac{y_{P_i}}{f} - c_{3i} f \cos \dfrac{y_{P_i}}{f}} + t_i Y_S' \end{cases} \tag{5-27}$$

式中，f 为相机的焦距；X_S'、Y_S'、Z_S' 分别为 X_S、Y_S、Z_S 的一阶变化率；a_{1i}、a_{2i}、a_{3i}、b_{1i}、b_{2i}、b_{3i}、c_{1i}、c_{2i}、c_{3i} 为坐标转换矩阵中元素；x_{P_i}、y_{P_i} 为图像上目标像点坐标，如图5-12所示。

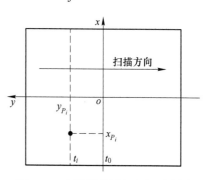

图 5-12　全景影像目标坐标示意图

5.4.2　计算方法

从式（5-27）可以看出，通常情况下只要给出像平面坐标系中需要定位的目标像点坐标（x_{P_i}，y_{P_i}）、相机俯仰角 φ_3、相机侧滚角 ω_3，以及对应目标点高程信息 h 等参数，就可以通过式（5-27）计算得到像点对应的地面目标点在机平坐标系下的坐标（X_A，Y_A，Z_A）。

为了简化计算，式中 a_{1i}、a_{2i}、a_{3i}、b_{1i}、b_{2i}、b_{3i}、c_{1i}、c_{2i}、c_{3i} 根据式（4-108）和式（4-109），由相机俯仰角 φ_3、相机侧滚角 ω_3 等共同确定。

t_i 为第 i 列到图像中心列的扫描时间，由式（4-145）确定。将式（4-145）代入式（5-27），得：

$$\begin{cases} X_A = \left(h - H + \dfrac{y_{P_i}}{f\theta'} Z_S'\right) \dfrac{a_{1i} x_{P_i} + a_{2i} f \sin \dfrac{y_{P_i}}{f} - a_{3i} f \cos \dfrac{y_{P_i}}{f}}{c_{1i} x_{P_i} + c_{2i} f \sin \dfrac{y_{P_i}}{f} - c_{3i} f \cos \dfrac{y_{P_i}}{f}} - \dfrac{y_{P_i}}{f\theta'} X_S' \\[4mm] Y_A = \left(h - H + \dfrac{y_{P_i}}{f\theta'} Z_S'\right) \dfrac{b_{1i} x_{P_i} + b_{2i} f \sin \dfrac{y_{P_i}}{f} - b_{3i} f \cos \dfrac{y_{P_i}}{f}}{c_{1i} x_{P_i} + c_{2i} f \sin \dfrac{y_{P_i}}{f} - c_{3i} f \cos \dfrac{y_{P_i}}{f}} - \dfrac{y_{P_i}}{f\theta'} Y_S' \end{cases} \tag{5-28}$$

式中，θ' 为扫描角速度。

地面目标高程 h，可以参照单幅面阵图像迭代方式确定。

5.4.3　简化计算

全景相机一般为垂直安装，故安装角 $\omega_1 = 0$。若在机平坐标系下（不考虑 κ_4，令 $\kappa_4 = 0$），航空平台保持匀速平直飞行（外方位 3 个线元素中，$X'_S = V$、$Y'_S = Z'_S = 0$，相机俯仰角 $\varphi_3 = 0$，相机侧滚角 $\omega_3 = 0$）。此时，由式（2-16）可知：$a_{1i} = b_{2i} = c_{3i} = 1$、$a_{2i} = a_{3i} = b_{1i} = b_{3i} = c_{1i} = c_{2i} = 0$，则式（5-28）可以简化为：

$$\begin{cases} X_A = \dfrac{H-h}{f\cos\dfrac{y_{P_i}}{f}}x_{P_i} - \dfrac{V}{f\theta'}y_{P_i} = X_{A_i} + B_X \\[4mm] Y_A = (H-h)\tan\dfrac{y_{P_i}}{f} \end{cases} \tag{5-29}$$

其中，

$$\begin{cases} X_{A_i} = \dfrac{H-h}{f\cos\dfrac{y_{P_i}}{f}}x_{P_i} \\[4mm] B_X = -\dfrac{V}{f\theta'}y_{P_i} \end{cases} \tag{5-30}$$

从式（5-29）可以看出，地面目标点 A 在以图像中心点 o 对应的地平坐标系下的坐标，由航空平台运动引起的摄影中心位移量 B_X 和目标在以瞬时成像中心 o_i 对应的地平坐标系下的坐标 X_{Ai} 两部分组成，如图 5-13 所示。

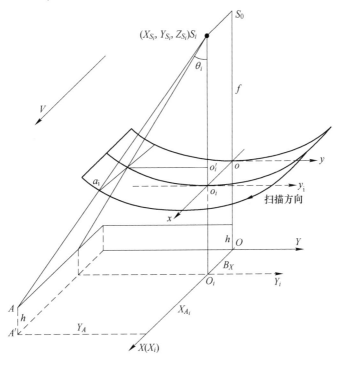

图 5-13　全景影像的物像关系图

若地面比较平坦，可以不考虑地面目标的高程（$h=0$），则定位计算式(5-29)进一步可以简化为：

$$\begin{cases} X_A = \dfrac{H}{f\cos\dfrac{y_{P_i}}{f}} x_{P_i} - \dfrac{V}{f\theta'} y_{P_i} \\[4mm] Y_A = H\tan\dfrac{y_{P_i}}{f} \end{cases} \tag{5-31}$$

从式(5-31)可以看出，对于平坦地区，除全景图像数据之外，只需要提供飞行地速 V、真高 H、扫描角速度 θ' 以及图像中心点对应坐标 (X_0, Y_0) 就可以实现目标定位。

5.5　红外行扫影像目标定位

红外行扫影像目标定位与面阵、线阵和全景影像目标定位的基本思想相同，是利用行扫影像构像模型进行目标定位。

5.5.1　基本原理

在机平坐标系下，$X_{S_0} = Y_{S_0} = Z_{S_0} = 0$，以图像中心点为坐标原点，则根据式(4-164)可知：

$$\begin{cases} X_A = (h - H - t_i Z'_{S_i}) \dfrac{a_{2i}\sin(y_{P_i}\theta_{横}) - a_{3i}\cos(y_{P_i}\theta_{横})}{c_{2i}\sin(y_{P_i}\theta_{横}) - c_{3i}\cos(y_{P_i}\theta_{横})} + t_i X'_{S_i} \\[4mm] Y_A = (h - H - t_i Z'_{S_i}) \dfrac{b_{2i}\sin(y_{P_i}\theta_{横}) - b_{3i}\cos(y_{P_i}\theta_{横})}{c_{2i}\sin(y_{P_i}\theta_{横}) - c_{3i}\cos(y_{P_i}\theta_{横})} + t_i Y'_{S_i} \end{cases} \tag{5-32}$$

式中，X'_S、Y'_S、Z'_S 分别为 X_S、Y_S、Z_S 的一阶变化率；a_{2i}、a_{3i}、b_{2i}、b_{3i}、c_{2i}、c_{3i} 为坐标转换矩阵中元素；H 为真高；h 为地面目标高程；$\theta_{横}$ 为横向瞬时视场角；t_i 为第 i 行第 j 列的扫描点到图像中心列的扫描时间；x_{P_i}、y_{P_i} 为图像上目标像点坐标，如图 5-14 所示。

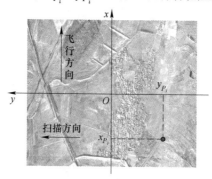

图 5-14　横迹扫描影像目标坐标示意图

5.5.2　计算方法

从式(5-32)可以看出，通常情况下只要给出像平面坐标系中需要定位的目标像点坐标

(x_{P_i}, y_{P_i})、相机俯仰角 φ_3、相机侧滚角 ω_3，以及对应目标点高程信息 h 等参数，就可以通过式(5-32)计算得到像点对应的地面目标点在机平坐标系下的坐标 (X_A, Y_A, Z_A)。

为了简化计算，式中 a_{2i}、a_{3i}、b_{2i}、b_{3i}、c_{2i}、c_{3i} 根据式(4-108)和式(4-109)，由相机俯仰角 φ_3、相机侧滚角 ω_3 等共同确定。

第 i 行第 j 列的扫描点到图像中心列的扫描时间 t_i，由式(4-166)确定。将式(4-166)代入式(5-32)，得：

$$
\begin{cases}
X_A = \left[h - H - \left(\dfrac{x_{P_i} H \theta_{\text{纵}}}{V_X} + \dfrac{y_{P_i} \theta_{\text{横}}}{\theta'} \right) Z'_{S_i} \right] \dfrac{a_{2i}\sin(y_{P_i}\theta_{\text{横}}) - a_{3i}\cos(y_{P_i}\theta_{\text{横}})}{c_{2i}\sin(y_{P_i}\theta_{\text{横}}) - c_{3i}\cos(y_{P_i}\theta_{\text{横}})} + \left(\dfrac{x_{P_i} H \theta_{\text{纵}}}{V_X} + \dfrac{y_{P_i} \theta_{\text{横}}}{\theta'} \right) X'_{S_i} \\[4mm]
Y_A = \left[h - H - \left(\dfrac{x_{P_i} H \theta_{\text{纵}}}{V_X} + \dfrac{y_{P_i} \theta_{\text{横}}}{\theta'} \right) Z'_{S_i} \right] \dfrac{b_{2i}\sin(y_{P_i}\theta_{\text{横}}) - b_{3i}\cos(y_{P_i}\theta_{\text{横}})}{c_{2i}\sin(y_{P_i}\theta_{\text{横}}) - c_{3i}\cos(y_{P_i}\theta_{\text{横}})} + \left(\dfrac{x_{P_i} H \theta_{\text{纵}}}{V_X} + \dfrac{y_{P_i} \theta_{\text{横}}}{\theta'} \right) Y'_{S_i}
\end{cases}
$$

$$(5\text{-}33)$$

式中，$\theta_{\text{纵}}$ 为纵向瞬时视场角；V_X 为 X 轴方向的地速分量；θ' 为横向扫描角速率。

地面目标高程 h，可以参照单幅面阵图像迭代方式确定。

5.5.3 简化计算

红外行扫仪一般为垂直安装，故安装角 $\omega_1 = 0$。若在机平坐标系下（不考虑 κ_4，令 $\kappa_4 = 0$），航空平台保持匀速平直飞行（外方位 3 个线元素中，$X'_S = V$，$Y'_S = Z'_S = 0$，相机俯仰角 $\varphi_3 = 0$，相机侧滚角 $\omega_3 = 0$）。此时，由式(2-16)可知：$a_{1i} = b_{2i} = c_{3i} = 1$，$a_{2i} = a_{3i} = b_{1i} = b_{3i} = c_{1i} = c_{2i} = 0$，则式(5-33)可简化为：

$$
\begin{cases}
X_A = x_{P_i} \theta_{\text{纵}} H + \dfrac{y_{P_i} \theta_{\text{横}}}{\theta'} V = B_X + X_{A_i} \\[4mm]
Y_A = (H - h)\tan(y_{P_i}\theta_{\text{横}})
\end{cases}
$$

$$(5\text{-}34)$$

其中，
$$
\begin{cases}
X_{A_i} = \dfrac{y_{P_i} \theta_{\text{横}}}{\theta'} V \\[4mm]
B_X = x_{P_i} \theta_{\text{纵}} H
\end{cases}
$$

$$(5\text{-}35)$$

从式(5-34)可以看出，地面目标点 A 在以图像中心点 o 对应的地平坐标系下的坐标（见图 5-15 中的 OO_i），由图像行坐标 x_{P_i} 到的图像中心 o 所在行的扫描时间航空平台的位移量 B_X（见图 5-15 中 OO_{x_i}）和列坐标 y_i 到图像中心 o 所在列的扫描时间航空平台的位移量 X_{A_i}（见图 5-15 中 $O_iO_{x_i}$）两部分组成。

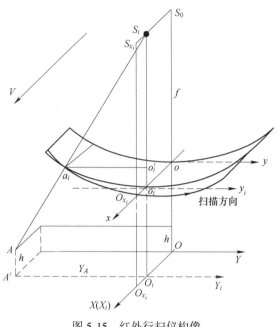

图 5-15 红外行扫仪构像

5.6 单幅 SAR 影像目标定位

SAR 影像构像方程有距离–多普勒条件构像模型和共线方程构像模型两种，这两种方式核心思想基本一致，都可以用来进行目标定位运算。一般情况下，提供给用户的 SAR 图像均以平（地）距图像表示形式，因此本节主要以共线方程构像模型为例介绍单幅 SAR 图像目标定位算法。

5.6.1 基本原理

如图 5-16 所示，点 A 和点 A' 到投影中心 S_i 距离相等，故点 A 和点 A' 均在 y_a 处成像。若点 A 的回波强度大于点 A'，则 y_a 处主要呈现出点 A 信息。

在机平坐标系下，$X_{S_0} = Y_{S_0} = Z_{S_0} = 0$，SAR 图像以平（地）距表示，图像中心点为坐标原点，根据式(4-193)可得到地面目标点 A、点 A' 和像点 y_a 三者之间的关系，即：

$$\begin{cases} X_A = -\dfrac{H}{\rho}\dfrac{a_{2i}y_i - a_{3i}f}{c_{2i}y_i - c_{3i}f} + X_{S_i} = -H\dfrac{D_1}{D_2}\dfrac{a_{2i}y_i - a_{3i}f}{c_{2i}y_i - c_{3i}f} + X_{S_i} \\[3mm] Y_A = -\dfrac{H}{\rho}\dfrac{b_{2i}y_i - b_{3i}f}{c_{2i}y_i - c_{3i}f} + Y_{S_i} = -H\dfrac{D_1}{D_2}\dfrac{b_{2i}y_i - b_{3i}f}{c_{2i}y_i - c_{3i}f} + Y_{S_i} \end{cases} \tag{5-36}$$

其中，D_1、D_2 由式(4-192)确定，即：

$$\begin{cases} D_1 = \sqrt{(X_{A'} - X_{S_i})^2 + (Y_{A'} - Y_{S_i})^2 + Z_{S_i}^2 - (h - H)^2} \\[2mm] D_2 = \sqrt{(X_{A'} - X_{S_i})^2 + (Y_{A'} - Y_{S_i})^2} \end{cases} \tag{5-37}$$

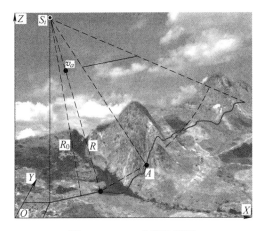

图 5-16　SAR 成像示意图

5.6.2　计算方法

利用式(5-36)进行定位计算时，首先需要确定地面目标的高程坐标 h，需在地面高程模型（DEM）的支持下进行定位。

如图 5-17(a)和(b)所示，若初始设置地面目标高程坐标为 h，代入式(5-36)中计算得到(X_A, Y_A)，则通过(X_A, Y_A)查找地面高程数据，确定一个新的高程值，再代入式(5-36)中运算，这样反复运算后，高程值收敛在真值处。

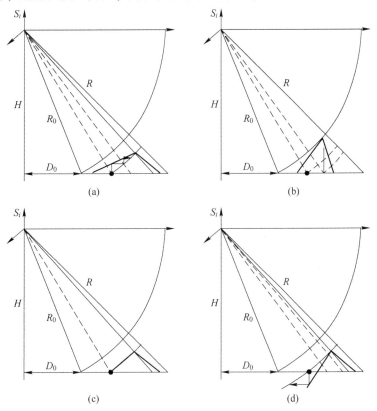

图 5-17　地面目标高程坐标确定

若出现图5-17(c)和(d)所示情况，则进入死循环或发散，无法收敛。这种情况可以增加地面目标高程值，代入式(5-36)中计算得到$(X_A，Y_A)$，则通过$(X_A，Y_A)$查找地面高程数据，如果与地面高程值符合或呈现增加趋势，则继续增加地面目标高程值，直到计算得到的高程值与地面高程数据不符或不再增加为止。

5.6.3 简化计算

在机平坐标系下，航空平台保持平直飞行，则$V_X = V$，$V_Y = V_Z = 0$，如图5-18所示。

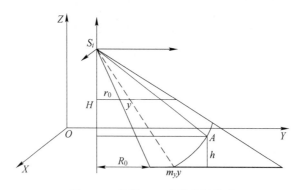

图5-18 地距 SAR 成像几何关系

可以按照式(5-36)进行定位计算，即：

$$\begin{cases} Y_A = \sqrt{(R_0 + m_y y_i)^2 + H^2 - (H - h)^2} \\ X_A = m_x x_i \end{cases} \tag{5-38}$$

式中，R_0为扫描延迟；m_x、m_y为地距雷达图像的方位和距离向的比例尺分母；x_i、y_i为地距雷达图像上像点的方位向和距离向坐标，如图5-19所示。

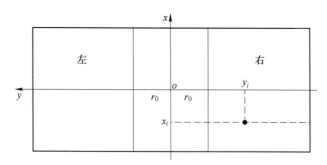

图5-19 SAR 影像目标坐标示意图

式(5-37)中，y_i不论是左成像还是右成像，均取正值，而Y_A左成像时取正值，而右成像时取负值。

在机平坐标系下，航空平台保持平直飞行，则$V_X = V$、$V_Y = V_Z = 0$，并且成像区域相对平坦（地面目标高程h视为0），则式(5-36)可进一步简化为：

$$\begin{cases} Y_A = R_0 + m_y y_i \\ X_A = m_x x_i \end{cases} \tag{5-39}$$

6 影像目标测距

航空图像上的目标影像是地面相应地物以一定投影规律反映出来的。只要根据各成像规律，就可以根据照片上的目标长度和像面、地面关系计算出目标大小。航空影像目标长度测量有些文献中也称为距离测量，简称影像测距。本章主要介绍面阵影像、线阵推扫影像、全景影像中目标长度测量基本原理。

6.1 垂直面阵图像目标长度测量

基于画幅式航空影像的目标长度测量，根据图像类型可以分为垂直图像距离测量和倾斜图像距离测量两大类。

垂直空中照片是指照相机光轴垂直于地面时所拍摄的照片。如果拍摄的地区是一个平坦的地面，或地面起伏引起的投影误差小于规定限差，那么垂直中心投影与正射投影比较接近，如图 6-1 所示。

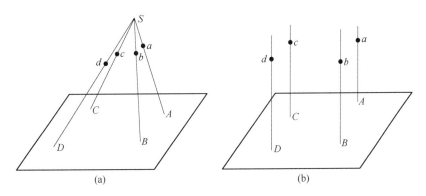

图 6-1 投影类型
(a) 中心投影；(b) 正射投影

图像上的目标是地面相应的地物以一定比例缩小反映出来的，照片地面空间分辨率或比例尺则是处处一致的。因此，对于平坦地区的垂直航空影像，可以采用地面空间分辨率或比例尺进行目标长度测量。

6.1.1 基本原理

（1）数字垂直影像目标长度测量。垂直图像中两点之间的距离，为两点之间的像素个数 N 与地面空间分辨率 D 的乘积。地面空间分辨率 D 的单位为米/像素。设平坦地区图像中两点的图像坐标分别为 (m_1, n_1) 和 (m_2, n_2)，图像的空间分辨率为 D，故两点之间的距离 L 为：

$$L = ND = D\sqrt{(m_2 - m_1)^2 + (n_2 - n_1)^2} \tag{6-1}$$

（2）模拟垂直影像目标长度测量。与利用图像空间分辨率进行目标长度测量类似，图像中目标长度为 l，图像比例尺为 m，则两点之间的距离 L 为：

$$L = lm \tag{6-2}$$

比较式(6-1)和式(6-2)可以看出，二者十分类似。但是数字图像中不存在比例尺概念，而是与比例尺类似的地面空间分辨率概念。比例尺与地面空间分辨率两者之间存在较大的差异。主要表现在以下几个方面：

（1）比例尺是距离比概念，距离比意味着距离可测量性，模拟图像中距离是可用直尺直接测量的，而数字图像上却不能；

（2）比例尺是一个无量纲的物理量，而空间分辨率是一个有量纲（米/像素）的物理量。

6.1.2　计算方法

在垂直数字图像中测量两点之间的地面真实距离，涉及像素个数 N 和地面空间分辨率 D 两个因素。只要图像中两点给定，两点之间的像素个数 N 很容易得到。故垂直图像中测量两点之间的距离突出的是计算图像的地面空间分辨率 D。

对于垂直模拟图像中测量两点之间的地面真实距离，涉及图像上两点之间距离 l 和图像比例尺 m 两个因素。只要图像中两点给定，两点之间的距离 l 很容易测量。故垂直模拟图像中测量两点之间的距离突出的是计算图像的比例尺 m。

垂直数字图像空间分辨率 D 或垂直模拟图像比例尺 m，主要有以下三种计算方法：

（1）根据已知目标长度计算；（2）根据参考图像空间分辨率计算；（3）根据辅助参数计算。

6.1.2.1　根据已知目标的长度计算

在垂直空中照片上，任一线段的长度是与地面相应线段的实际长度成比例关系的，而且任何线段缩小的比例又都是相等的。因此，只要知道空中照片上目标的实际长度，就可以计算图像地面空间分辨率 D 或比例尺 m，如图 6-2 中可以选择已知河宽 L 的河道。

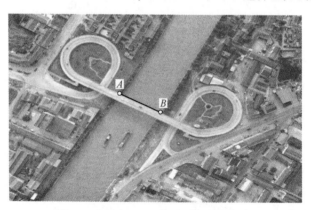

图 6-2　选取已知长度目标两端点示意图

然后在图像中测出已知长度的目标两个端点的行列坐标，如图 6-2 中桥的两个端点

A、端点 B 的行列坐标 (m_1, n_1) 和 (m_2, n_2)，就可以计算出图像空间分辨率 D，其计算公式为：

$$D = \frac{L}{\sqrt{(m_2 - m_1)^2 + (n_2 - n_1)^2}} \tag{6-3}$$

若图像为模拟图像，图像上目标的长度为 l，则模拟图像的比例尺 m 为：

$$\frac{1}{m} = \frac{l}{L} \tag{6-4}$$

例如，客车车厢的长度为 20m，如果在空中照片上量得其长度为 0.5cm，则空中照片比例尺为：

$$\frac{1}{m} = \frac{l}{L} = \frac{0.5\text{cm}}{2000\text{cm}} = \frac{1}{4000}$$

已知目标的长度可以从先验知识中获取，从数字地图、从带地理信息的遥感图像或地图中计算获取。

A 从数字地图中测取

如图 6-3 所示，可以利用数字地图自带的测量工具，在数字地图直接量取两点之间的距离 L。

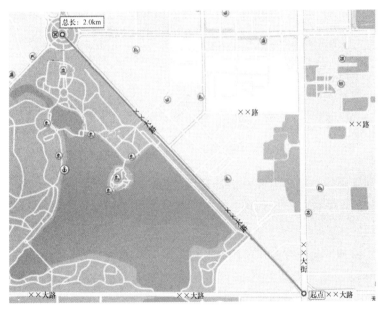

图 6-3 数字地图测量两点之间的距离

B 从地图中量取

设地图的比例尺为 $m_{地图}$，地图上两点的距离为 $l_{地图}$，则两点之间 L 为：

$$L = l_{地图} m_{地图} \tag{6-5}$$

将式(6-5)代入式(6-3)，得到图像空间分辨率 D 为：

$$D = \frac{l_{地图} m_{地图}}{\sqrt{(m_2 - m_1)^2 + (n_2 - n_1)^2}} \tag{6-6}$$

将式(6-5)代入式(6-4)，得到模拟图像的比例尺 m 为：

$$\frac{1}{m} = \frac{l}{l_{地图}m_{地图}} \tag{6-7}$$

例如，在空中照片上量得两个公路交叉点之间的长度为 10cm，在地形图上量得它们的长度为 2cm，已知地形图的比例尺为 1 : 50000，则空中照片比例尺为：

$$\frac{1}{m} = \frac{l}{l_{地图}m_{地图}} = \frac{10cm}{2cm \times 50000} = \frac{1}{10000}$$

C　根据参考图像空间分辨率计算

在未知空间分辨率 D 的图像和已知空间分辨率 D_0 的参考图像中，分别选取两对同名像点 A_1 和 B_1，点 A_2 和 B_2，量取同名像点对应的图像行列坐标 (m_{11}, n_{11}) 和 (m_{12}, n_{12})，(m_{21}, n_{21}) 和 (m_{22}, n_{22})，如图 6-4 所示。

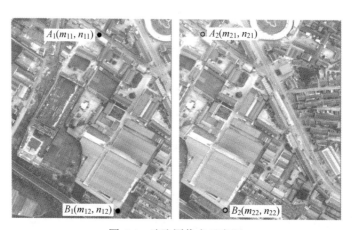

图 6-4　选取同像点示意图

那么，未知空间分辨率的图像 D 的计算公式为：

$$D = D_0 \sqrt{\frac{(m_{12} - m_{11})^2 + (n_{12} - n_{11})^2}{(m_{22} - m_{21})^2 + (n_{22} - n_{21})^2}} \tag{6-8}$$

注意：利用这种方法计算照片比例尺，量取的目标影像越小，照片比例尺误差越大。为提高照片比例尺的精度，要尽可能量取影像大的目标，如铁路、建筑物、舰船、飞机等。

6.1.2.2　根据辅助参数计算

垂直成像时的光路如图 6-5 所示。其中，d 为传感器点距，D 为对应的地面距，也就是图像的空间分辨率。

根据 $\triangle Soa$ 和 $\triangle SOA$ 相似特性，可以得知图像空间分辨率 D 为：

$$D = \frac{H}{f}d \tag{6-9}$$

例如，成像高度 H 为 1000m，相机焦距 f 为 75mm，

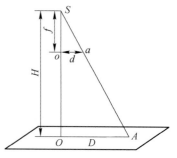

图 6-5　垂直成像光路图

传感器 CCD 点距为 9μm，图像空间分辨率为：

$$D = \frac{1000}{75 \times 10^{-2}} \times (9 \times 10^{-6}) = 0.012$$

模拟图像的比例尺 m 为 $\dfrac{d}{D}$，根据式(6-9)可得：

$$\frac{1}{m} = \frac{d}{D} = \frac{f}{H} \tag{6-10}$$

例如，照相高度为 5000m，照相机焦距为 100cm，则空中照片的比例尺为：

$$\frac{1}{m} = \frac{f}{H} = \frac{100\text{cm}}{500000\text{cm}} = \frac{1}{5000}$$

注意：应该注意使用高度为真高。一般高度分为真高、相对高和绝对高三种，如图 6-6 所示。真高是以飞机正下方地平面为基准至飞机的垂直距离，这是空间分辨率计算时所要求的实际高度；相对高是以机场平面为基准至飞机的垂直距离；绝对高是以海平面为基准至飞机垂直距离。

如果在照相时使用相对高，则必须把照相时记录的高度减去或增加两地之间的标高差，求得真高。

例如，某机场的标高为 200m，照相地区的标高为 500m，照相时记录的相对高为 5500m，则真高为 5200m。如果照相时使用的是绝对高，则应将照相时的高度减去照相地区的标高。每一地区的标高，可以从大比例尺的地形图中查出。

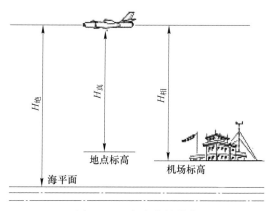

图 6-6 飞行高度的种类

6.1.2.3 数字化图像空间分辨率计算

数字化图像是对模拟图像进行数字化得到的数字图像。若已知扫描分辨率 p，单位为像素/英寸（ppi）；图像放大倍率 k；则可以利用式(4-3)计算得到数字化图像等效的传感器点阵 d。然后代入式(6-9)，得：

$$D = \frac{H}{f}d = \frac{H}{f}\frac{2.54}{pk} \tag{6-11}$$

式中，H 为航空平台的真高；f 为焦距；p 为扫描分辨率；k 为放大分辨率。

或根据影像高或宽 l 和采样（或扫描）的像素点数 n 进行计算，利用式(4-4)计算数字化图像等效的传感器点阵 d。然后代入式(6-9)，得：

$$D = \frac{H}{f}d = \frac{H}{f}\frac{l}{nk} \tag{6-12}$$

式中，H、f、p、k 含义同式(6-11)；l、n 分别为照片的宽 $l_宽$ 和高 $l_高$ 的均值、照片的宽采样数 $n_宽$ 和高采样数 $n_高$ 的均值，如图 6-7 所示。

$$l = \frac{l_宽 + l_高}{2}, \quad n = \frac{n_宽 + n_高}{2} \tag{6-13}$$

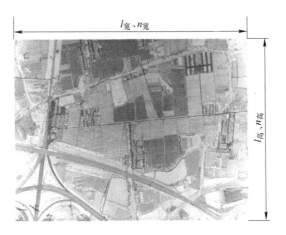

图 6-7 图片的等效的传感器点阵尺寸计算示意图

6.2 倾斜面阵图像目标长度测量

倾斜成像是在照相机光轴倾斜的情况下实施的，由于照相时照相机光轴的倾斜，像面和地面互不平行，如图 6-8 所示。假如地面上有许多方格，这些方格反映在垂直空中照片上仍是方形，如图 6-8(a)所示；而反映在倾斜空中照片上却变成大小不同的梯形，如图 6-8(b)所示。因此，平坦地区垂直图像的计算方法不适用于倾斜图像的长度测量。

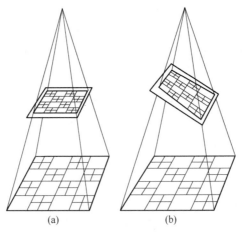

图 6-8 方格网在垂直空中照片和倾斜空中照片上的投影

6.2.1 基本原理

根据像面与地面坐标关系来测量目标大小（距离），首先是在空中照片上量出目标两端点的坐标值，并依据坐标关系式计算出相应的地面坐标值，然后利用直角坐标关系求出目标的实际大小（距离）。

由图 6-9 可知，A、B 两点的横坐标差为 ΔX，两点的纵坐标差为 ΔY，则 A、B 两点的距离 L 在直角坐标中的关系为：

$$L = \sqrt{\Delta X^2 + \Delta Y^2} \tag{6-14}$$

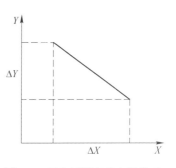

图 6-9　两点间距离的坐标关系

6.2.2　计算方法

首先，在图像中选择需要测量长度的目标两端点 A 和 B，提取其像平面坐标系下的坐标 (x_a, y_a) 和 (x_b, y_b)，如图 6-10 所示。

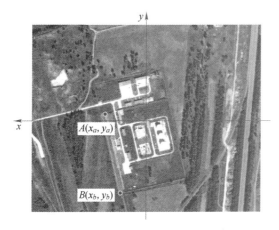

图 6-10　测量目标端点坐标提取示意图

然后，将 (x_a, y_a) 和 (x_b, y_b) 代入面阵影像目标定位计算式 (4-103)，计算得到 A、B 两点的机平坐标下坐标 (X_A, Y_A) 和 (X_B, Y_B)。

最后，利用式 (6-15) 计算需要测量长度目标两端点 A 和 B 坐标差。

$$\begin{cases} \Delta X_A = X_A - X_B \\ \Delta Y_A = Y_A - Y_B \end{cases} \tag{6-15}$$

再将式 (6-15) 代入式 (6-14)，计算得到目标的长度，即：

$$L = (H - h)\sqrt{\left(\frac{x_a}{y_a\sin\omega_1 + f\cos\omega_1} - \frac{x_b}{y_b\sin\omega_1 + f\cos\omega_1}\right)^2 + \left(\frac{y_a - f\tan\omega_1}{y_a\tan\omega_1 + f} - \frac{y_b - f\tan\omega_1}{y_b\tan\omega_1 + f}\right)^2} \tag{6-16}$$

6.3　线阵推扫影像目标长度测量

计算线阵推扫影像中的目标长度，不需要方位信息，可以只考虑相机的安装角 ω_1、俯仰角 φ_3、相机侧滚角 ω_3，而不需要考虑真航向 κ_4。因此，同样可以采取机平坐标系进行目标长度测量计算。

6.3.1　基本原理

在机平坐标系 $F(S-X_F Y_F Z_F)$ 下，$X_{S_0} = Y_{S_0} = Z_{S_0} = 0$，以图像中心点为坐标原点，则根据式(4-111)确定像点与物点之间的关系，即：

$$\begin{cases} X_A = (h - H - tZ'_S) \dfrac{a_{2i}y_i - a_{3i}f}{c_{2i}y_i - c_{3i}f} + tX'_S \\[3mm] Y_A = (h - H - tZ'_S) \dfrac{b_{2i}y_i - b_{3i}f}{c_{2i}y_i - c_{3i}f} + tY'_S \end{cases} \tag{6-17}$$

式中，f 为相机焦距；X'_S、Y'_S、Z'_S 分别为 X_S、Y_S、Z_S 的一阶变化率；a_{2i}、a_{3i}、b_{2i}、b_{3i}、c_{2i}、c_{3i} 为坐标转换矩阵中元素；H 为航空平台的真高；y_i 为第 i 行相对参考行投影中心的坐标。

需要在图像中提取需要测量的目标两端上的坐标，代入式(6-17)中得到目标两端点坐标计算目标真实地面距离。

6.3.2　计算方法

按照式(6-16)计算距离时，需要 X'_S、Y'_S、Z'_S 支持，但是，在目前条件下 X'_S、Y'_S、Z'_S 采集比较困难，因此在某一幅行扫图像中，可以考虑平台等高匀速飞行，则 $X'_S = V$、$Y'_S = Z'_S = 0$，则式(6-17)可改写成：

$$\begin{cases} X_A = (h - H) \dfrac{a_{2i}y_i - a_{3i}f}{c_{2i}y_i - c_{3i}f} + tV \\[3mm] Y_A = (h - H) \dfrac{b_{2i}y_i - b_{3i}f}{c_{2i}y_i - c_{3i}f} \end{cases} \tag{6-18}$$

式中，t 由式(4-132)或式(4-139)确定。

在垂直安装条件下，式(6-18)可以写为：

$$\begin{cases} X_A = (H - h)\tan\varphi_3 + \dfrac{Hx_i}{f} \\[3mm] Y_A = (h - H) \dfrac{1}{\cos\varphi_3} \dfrac{y_i + f\tan\omega_3}{y_i\tan\omega_3 - f} \end{cases} \tag{6-19}$$

在倾斜安装条件下，式(6-18)可以写为：

$$\begin{cases} X_A = (H - h)\tan\varphi_3 + \dfrac{1}{\cos^2\omega_1} \dfrac{Hx_i}{f} \\[3mm] Y_A = \dfrac{h - H}{\cos\varphi_3} \dfrac{y_i + f\tan(\omega_3 - \omega_1)}{y_i\tan(\omega_3 - \omega_1) - f} \end{cases} \tag{6-20}$$

若航空平台保持等高匀速平稳飞行，则 $\varphi_3 = \omega_3 = 0$，则式(6-19)和式(6-20)可进一步改写为：

$$\begin{cases} X_A = \dfrac{H}{f}x_i \\[3mm] Y_A = \dfrac{H - h}{f}y_i \end{cases}, \quad \begin{cases} X_A = \dfrac{1}{\cos^2\omega_1} \dfrac{H}{f}x_i \\[3mm] Y_A = (H - h) \dfrac{y_i - f\tan\omega_1}{y_i\tan\omega_1 + f} \end{cases} \tag{6-21}$$

若航空平台保持等高匀速平稳飞行，则 $\varphi_3 = \omega_3 = 0$，且成像平坦地区，则式(6-21)可进一步改写为：

$$\begin{cases} X_A = \dfrac{H}{f}x_i \\ Y_A = \dfrac{H}{f}y_i \end{cases}, \quad \begin{cases} X_A = \dfrac{1}{\cos^2\omega_1}\dfrac{H}{f}x_i \\ Y_A = H\dfrac{y_i - f\tan\omega_1}{y_i\tan\omega_1 + f} \end{cases} \quad (6-22)$$

因此，对垂直安装时，按照式(6-22)进行计算时，只需要在图像中选取目标两端点坐标 (x_a, y_a) 和 (x_b, y_b)，如图 6-10 所示。则对应地面目标 AB 之间的距离为：

$$L = \frac{H}{f}\sqrt{(x_a - x_b)^2 + (y_a - y_b)^2} \quad (6-23)$$

对倾斜安装时，按照式(6-22)进行计算时，图像中选取目标两端点坐标 (x_a, y_a) 和 (x_b, y_b)，则对应地面目标 AB 之间的距离为：

$$L = H\sqrt{\frac{1}{f^2\cos^4\omega_1}(x_a - x_b)^2 + \left(\frac{y_a - f\tan\omega_1}{y_a\tan\omega_1 + f} - \frac{y_b - f\tan\omega_1}{y_b\tan\omega_1 + f}\right)^2} \quad (6-24)$$

6.4　全景影像目标长度测量

全景空中图像中部相当于垂直照片，左右两侧相当于倾斜照片。其比例尺特点是在照片上各条横线（平行于飞行方向）比例尺都不同。主横线（对称轴）比例尺最大，两边各条横线比例尺由中间向两侧对称逐渐缩小；照片纵线（垂直飞行方向）比例尺每点都不相等，中间大两边小。因此，全景图像目标距离测量相对于面阵图像测量要复杂一些。

6.4.1　基本原理

主要是根据式(5-28)确定目标位置的方法，确定地面两点之间的距离。为了简化距离测量计算过程，采取机平坐标系（不考虑真北角 κ_4），并且在一小段时间内可以认为航空平台保持等高匀速飞行，则 $X'_S = V$（V 为航空平台飞行地速），$Y'_S = Z'_S = 0$；并且全景传感器一般垂直安装，故不需要考虑相机安装角 ω_1，故式(5-28)可以简化为：

$$\begin{cases} X_A = (h - H)\dfrac{x_{P_i} + f\tan\varphi_3\cos\left(\omega_3 + \dfrac{y_{P_i}}{f}\right)}{x_{P_i}\tan\varphi_3 - f\cos\left(\omega_3 + \dfrac{y_{P_i}}{f}\right)} - \dfrac{y_{P_i}}{f\theta'}V \\ Y_A = (h - H)\dfrac{f\sin\left(\dfrac{y_{P_i}}{f} + \omega_3\right)}{x_{P_i}\sin\varphi_3 - f\cos\varphi_3\cos\left(\omega_3 + \dfrac{y_{P_i}}{f}\right)} \end{cases} \quad (6-25)$$

6.4.2　计算方法

利用式(6-25)可以定位目标两端点 A、B 坐标 (X_a, Y_a) 和 (X_b, Y_b)，进而计算目标

两端点距离 L。若航空平台保持平稳飞行，则可认为 $\omega_3 = \varphi_3 = 0$，则式（6-25）可进一步改写为：

$$\begin{cases} X_A = \dfrac{H-h}{f\cos\dfrac{y_{P_i}}{f}} x_{P_i} - \dfrac{y_{P_i}}{f\theta'}V \\[4mm] Y_A = (H-h)\tan\dfrac{y_{P_i}}{f} \end{cases} \tag{6-26}$$

此时，地面 AB 之间的距离可以写为：

$$L = \sqrt{\left[\left(\dfrac{H-h_a}{f\cos\theta_a}x_a - \dfrac{H-h_b}{f\cos\theta_b}x_b\right) - \dfrac{V}{f\theta'}(y_a - y_b)\right]^2 + (H-h)^2(\tan\theta_a - \tan\theta_b)^2} \tag{6-27}$$

如果成像区域为平坦地区，则式（6-27）还可简写为：

$$L = \sqrt{\left[\left(\dfrac{Hx_a}{f\cos\theta_a} - \dfrac{Hx_b}{f\cos\theta_b}\right) - \dfrac{V}{f\theta'}(y_a - y_b)\right]^2 + H^2(\tan\theta_a - \tan\theta_b)^2} \tag{6-28}$$

如果 $y_a = y_b$，如图 6-11 中 a_1、b 所示，则式（6-28）可简化为：

$$L = \dfrac{H}{f}\dfrac{x_a - x_b}{\cos\theta} = \dfrac{H\Delta x}{f\cos\theta} \tag{6-29}$$

如果 $x_a = x_b$，如图 6-11 中 a_2、b 所示，则式（6-28）可简化为：

$$L = \sqrt{\left[\dfrac{Hx_a}{f}\left(\dfrac{1}{\cos\theta_a} - \dfrac{1}{\cos\theta_b}\right) - \dfrac{V}{f\theta'}(y_a - y_b)\right]^2 + H^2(\tan\theta_a - \tan\theta_b)^2} \tag{6-30}$$

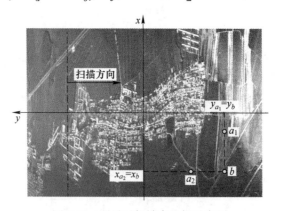

图 6-11　测量目标端点坐标示意图

在有些文献中，将 $x_a = x_b$ 时的两点距离简化成式（6-31）。这种简化在实际应用中存在一定的误差，即：

$$L = H(\tan\theta_a - \tan\theta_b) \tag{6-31}$$

如图 6-12 所示，像点 a_i、b_i 在图像中所对应的 x 轴坐标相同，即 $o'_{a_i}a_i$、$o'_{b_i}b_i$，此时从图中可以看出 A_BB 的距离为式（6-31）计算的结果。而像点 a、b 对应的地面点 A、B 之间的距离，应为直角 $\triangle ABB_A$ 的斜边。

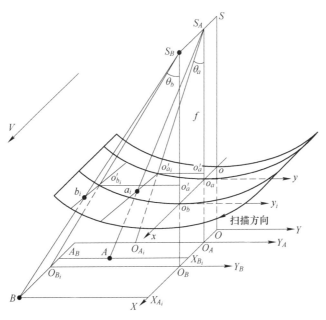

图 6-12　全景影像的物像关系图

　　另外，全景影像目标位置关系一般可以划分成平行线型线段、子午线型线段、对角线型线段三种类型，如图 6-13 所示。

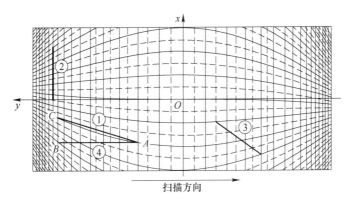

图 6-13　垂直全景空中照片上目标影像的位置关系
①—平行线型线段；②—子午线型线段；③，④—对角线型线段

　　从图 6-13 可以看出，虽然 A、B 两点在全景影像上的像空间坐标系下的 x 坐标相同，但其对应的地面坐标 AB 并不是垂直于对称轴（x 轴）的，而是 AC 垂直于对称轴。AB 的地面距离则是直角 $\triangle ABC$ 的斜边。

6.5　红外行扫影像目标长度测量

　　红外行扫影像目标长度测量与面阵、线阵和全景影像目标定位的基本思想相同，核心思想也是利用行扫影像构像模型目标定位进行计算。

6.5.1　基本原理

由于测量目标的长度，不需要考虑图像的方位，因此采用机平坐标系进行测量。像点与地面点位置对应关系采用式(5-33)进行计算。由在图像上确定需要测量目标长度的目标两端点坐标，利用式(5-33)计算得到对应地面点的坐标，再利用式(6-14)计算得到目标的长度（或两地面点之间的距离）。

6.5.2　计算方法

对于一幅红外行扫图像，航空平台的状态差异较小。为了简化计算，可以采取机平坐标系下，航空平台保持匀速平直飞行状态下简化计算式(5-34)进行计算，即：

$$\begin{cases} X_A = x_{P_i}\theta_{纵}\,H + \dfrac{y_{P_i}\theta_{横}}{\theta'}V \\[2mm] Y_A = (H-h)\tan(y_{P_i}\theta_{横}) \end{cases} \tag{6-32}$$

在图像中确定需要测量长度的目标两端点坐标$(x_a，y_a)$和$(x_b，y_b)$，利用式(6-32)计算得到目标两端点A、B坐标$(X_a，Y_a)$和$(X_b，Y_b)$，则A、B之间的距离为：

$$L = \sqrt{\left[\theta_{纵}H(x_a-x_b)+\frac{\theta_{横}}{\theta'}V(y_a-y_b)\right]^2 + (H-h)^2\left[\tan(y_a\theta_{横})-\tan(y_b\theta_{横})\right]^2} \tag{6-33}$$

式中，H为真高；h为地面目标高程；$\theta_{横}$为横向瞬时视场角；$\theta_{纵}$为纵向瞬时视场角；θ'为横向扫描角速率；$(X_a，Y_a)$、$(X_b，Y_b)$为图像上像点坐标，以像素数为单位。

如果$y_a=y_b$，如图6-14中A_1、B所示，则式(6-33)可简化为：

$$L = \theta_{纵}H(x_a-x_b) \tag{6-34}$$

如果$x_a=x_b$（见图6-14中A_2、B），则式(6-33)可简化为：

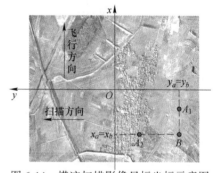

图6-14　横迹扫描影像目标坐标示意图

$$L = \sqrt{\left[\frac{\theta_{横}}{\theta'}V(y_a-y_b)\right]^2 + (H-h)^2\left[\tan(y_a\theta_{横})-\tan(y_b\theta_{横})\right]^2} \tag{6-35}$$

6.6　SAR 影像目标长度测量

SAR 影像通过成像处理以后，通常输出地距图像。在相对平坦地区，SAR 影像可以认为是正射影像。

6.6.1 基本原理

为了简化计算，采用机平坐标系进行测量。像点与地面点位置对应关系采用式(5-36)进行计算，即：

$$\begin{cases} Y_A = \sqrt{(R_0 + m_y y_i)^2 + H^2 - (H - h)^2} \\ X_A = m_x x_i \end{cases} \tag{6-36}$$

由在图像上确定需要测量目标长度的目标两端点坐标，利用式(5-36)计算得到对应地面点的坐标，再利用式(6-14)计算得到目标的长度（或两地面点之间的距离）。

6.6.2 计算方法

在机平坐标系下，航空平台保持平直飞行，则 $V_X = V$，$V_Y = V_Z = 0$，并且成像区域相对平坦（地面目标高程 h 视为 0），则式(6-36)可以进一步简化为：

$$\begin{cases} Y_A = R_0 + m_y y_i \\ X_A = m_x x_i \end{cases} \tag{6-37}$$

此时，在图像中确定需要测量长度的目标两端点坐标 (x_a, y_a) 和 (x_b, y_b)，利用式(6-37)计算得到目标两端点 A、B 坐标 (X_a, Y_a) 和 (X_b, Y_b)，则 A、B 之间的距离为：

$$L = \sqrt{m_x^2 (x_a - x_b)^2 + m_y^2 (y_a - y_b)^2} \tag{6-38}$$

7 影像目标测高

测量目标的高度，是图像解译工作的重要内容之一。在空中照片解译时，有时为了确定某些目标的性质，计算目标的容量以及判明地形的起伏情况等，都需要测量其高度。目前，常用的目标高度测量方法主要有基于构像方程测高和基本阴影测高两种。本章分别详细介绍这两种方式。

7.1 单幅面阵影像目标测高

单幅面阵影像测高是基于单幅图像进行目标的高程测量，主要是利用中心投影构像方程进行测量。

7.1.1 基本原理

画幅式成像过程中，地面点 A 的高程为 h，地面点 A 垂直于地面点 B，A 和 B 两点的像点分别为像点 a 和像点 b，如图 7-1 所示。线 Bb 和线 Aa 相交于摄影中心点 S。此时，可以通过像点 ab 的长度来测量地面点 AB 的长度，即目标点 A 的高程。也就是利用像差进行测高。

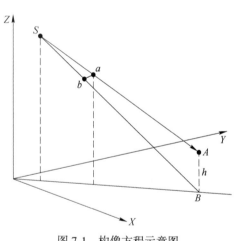

图 7-1 构像方程示意图

7.1.2 计算方法

单幅画幅影像目标测高的关键技术主要包括像差测高、像图测高等几种，以下分别进行介绍。

7.1.2.1 像差测高

只需要计算目标的高程时，不可考虑图像的方位。因此，采用机平坐标系进行测高，不需要考虑偏航角 κ。

A 通用成像形式

根据简化型构像方程式(4-100)可知，图 4-1 中的地面点 A 和 B 两点坐标可以表示为 $(X_A, Y_A, h-H)$ 和 $(X_A, Y_A, -H)$，其对应的像点 a 和 b，如图 7-2 所示。

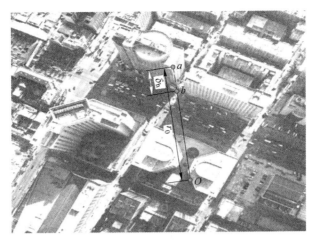

图 7-2 垂直目标顶部与底部的像点选取示意图

根据式（4-100），将在像空间坐标系下的坐标$(x_a, y_a, -f)$和$(x_b, y_b, -f)$转换为地面点坐标，即：

$$\begin{cases} X_A = -H\dfrac{a_1x + a_2y - a_3f}{c_1x + c_2y - c_3f} \\[3mm] Y_A = -H\dfrac{b_2y - b_3f}{c_1x + c_2y - c_3f} \end{cases} \tag{7-1}$$

$$\begin{cases} X_A = -(H-h)\dfrac{a_1x + a_2y - a_3f}{c_1x + c_2y - c_3f} \\[3mm] Y_A = -(H-h)\dfrac{b_2y - b_3f}{c_1x + c_2y - c_3f} \end{cases} \tag{7-2}$$

式中，a_j、b_j、c_j（$j=1,2,3$）由式(2-16)确定。

由于地面点 A 和 O 平面坐标相同，只是高程不同，所在式(7-1)和式(7-2)中的两式的 X_A 和 Y_A 相等，即：

$$X_A = -(H-h)\frac{a_1x_a + a_2y_a - a_3f}{c_1x_a + c_2y_a - c_3f} = -H\frac{a_1x_b + a_2y_b - a_3f}{c_1x_b + c_2y_b - c_3f}$$

进一步可以求得 h 为：

$$h = H - H\frac{\dfrac{a_1x_b + a_2y_b - a_3f}{c_1x_b + c_2y_b - c_3f}}{\dfrac{a_1x_a + a_2y_a - a_3f}{c_1x_a + c_2y_a - c_3f}}$$

即：

$$h = H - H\frac{(a_1x_b + a_2y_b - a_3f)(c_1x_a + c_2y_a - c_3f)}{(a_1x_a + a_2y_a - a_3f)(c_1x_b + c_2y_b - c_3f)} \tag{7-3}$$

同理可得：

$$Y_A = -H\frac{b_2y_b - b_3f}{c_1x_b + c_2y_b - c_3f} = -(H-h)\frac{b_2y_a - b_3f}{c_1x_a + c_2y_a - c_3f}$$

进一步可以求得 h 为：

$$h = H - H\dfrac{\dfrac{b_2y_b - b_3f}{c_1x_b + c_2y_b - c_3f}}{\dfrac{b_2y_a - b_3f}{c_1x_a + c_2y_a - c_3f}}$$

即：

$$h = H - H\dfrac{(b_2y_b - b_3f)(c_1x_a + c_2y_a - c_3f)}{(b_2y_a - b_3f)(c_1x_b + c_2y_b - c_3f)} \tag{7-4}$$

式(7-4)可以用于任意状态的画幅式影像目标高程的测量。

B　垂直成像形式

当垂直成像时，即状态参数 $\alpha = \omega = \kappa = 0$，则 $a_1 = b_2 = c_3 = 1$，$a_2 = a_3 = b_1 = b_3 = c_1 = c_2 = 0$，则式(7-3)可简化为：

$$h = H - \dfrac{x_b}{x_a}H = \dfrac{x_a - x_b}{x_a}H \tag{7-5}$$

同理，式(7-4)可简化为：

$$h = \dfrac{y_a - y_b}{y_a}H \tag{7-6}$$

由于地面 A 和 O 处存在高度差，使得 x_a、x_b 和 y_a、y_b 不重合，产生投影误差，若定义投影误差 $x_a - x_b = \delta_h$、$y_a - y_b = \delta_h$ 或 $[(x_a - x_b)^2 + (y_a - y_b)^2]^{\frac{1}{2}} = \delta_h$，定义 $x_a = r_0$、$y_a = r_0$、$(x_a^2 + y_a^2)^{\frac{1}{2}} = r_0$，称为底点辐射距。则式(7-5)和式(7-6)可以统一记为：

$$h = \dfrac{\delta_h}{r_0}H \tag{7-7}$$

另外，当垂直成像时，也可以从图7-3推导出来。根据中心投影原理，无论成像面是否水平，起伏的地形或高出地面的任何物体，高于或低于某一基准面的地面点，其像点与该地面点在基准面上的垂直投影点所对应的像点之间存在直线移位，这种像点位置移动称为像点位移，或投影误差，一般采用 δ_h 表示。

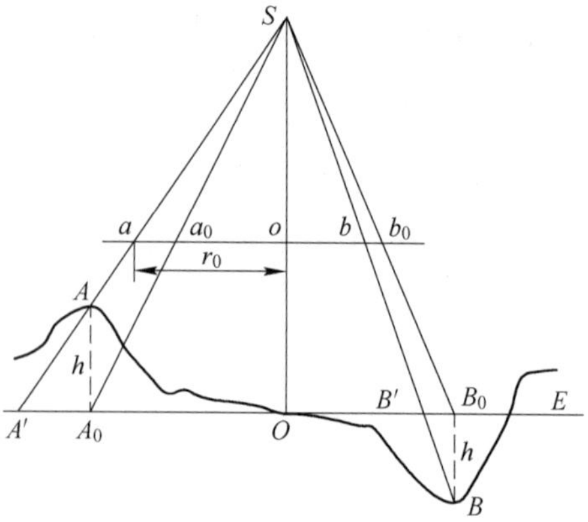

在垂直或近似垂直画幅式图像上，地物点 A 的像点位移为 aa_0，地物点 B 的像点位移为 bb_0。像点位移的方向都位于像点的方向上，高出基准面的地面点，其像点是背着像主点移动；低于基准面的地面点，其像点是向着像主点移动。

图7-3　地面起伏引起像点位移

像点位移大小，可以根据三角形相似关系得出：

$$\dfrac{A'A_0}{A'O} = \dfrac{h}{H}，\dfrac{r_0}{A'O} = \dfrac{f}{H} = \dfrac{\delta_h}{A'A_0}$$

则：

$$\delta_h = \frac{hr_0}{H} \tag{7-8}$$

由此可知，起伏地形和高出地面物体，只要不在像主点成像，都会产生像点位移。并且式(7-8)可以转换为式(7-7)。

C 单变量形式

若相机只存在俯仰角 φ_3，当 $\omega_1 = \omega_3 = \kappa = 0$ 时，代入式(2-16)中可得：$a_1 = \cos\varphi_3$，$a_2 = 0$，$a_3 = -\sin\varphi_3$，$b_1 = 0$，$b_2 = 1$，$b_3 = 0$，$c_1 = \sin\varphi_3$，$c_2 = 0$，$c_3 = \cos\varphi_3$，则：

$$h = H - H\frac{(x_b + f\tan\varphi_3)(x_a\tan\varphi_3 - f)}{(x_a + f\tan\varphi_3)(x_b\tan\varphi_3 - f)} \tag{7-9}$$

$$h = H - H\frac{y_b(x_a\tan\varphi_3 - f)}{y_a(x_b\tan\varphi_3 - f)} = H\frac{(y_a x_b - y_b x_a)\tan\varphi_3 - f(y_a - y_b)}{y_a(x_b\tan\varphi_3 - f)} \tag{7-10}$$

若相机只存在 ω_1 和 ω_3，而 $\varphi_3 = \kappa_4 = 0$ 时，代入式(2-16)可得：$a_1 = 1$，$a_2 = a_3 = b_1 = 0$，$b_2 = \cos(\omega_3 - \omega_1)$，$b_3 = \sin(\omega_3 - \omega_1)$，$c_1 = 0$，$c_2 = \sin(\omega_3 - \omega_1)$，$c_3 = \cos(\omega_3 - \omega_1)$，则式(7-3)和式(7-4)可写成：

$$h = H - H\frac{x_b[y_a\tan(\omega_3 - \omega_1) - f]}{x_a[y_b\tan(\omega_3 - \omega_1) - f]} = H\frac{(x_a y_b - x_b y_a)\tan(\omega_3 - \omega_1) - f(x_a - x_b)}{x_a[y_b\tan(\omega_3 - \omega_1) - f]}$$

$$\tag{7-11}$$

$$h = H - H\frac{[y_b + f\tan(\omega_3 - \omega_1)][y_a\tan(\omega_3 - \omega_1) - f]}{[y_a + f\tan(\omega_3 - \omega_1)][y_b\tan(\omega_3 - \omega_1) - f]} \tag{7-12}$$

通过对像差测高原理进行分析，可得像差测高具有以下特点。

(1) 测高原理简单。单像测高的核心原理是利用像点的位移进行测量，原理比较简单，操作也比较方便。

(2) 测量区域限制。单像测高的核心仍然是根据像点位移进行计算，但根据中心投影的规律，在机下点附近，不论地形起伏程度多大，像点位移量均不大。因此，这种方法不适用机下点附近目标的高度测量。

(3) 选点要求严格。目标的像点位移量在航空图像上不是很明显，特别是在地面高程不是很高，或高空图像。因此，在选择目标的顶点和底点时，精度要求较高。

(4) 适用范围受限。从单像测高原理来看，要求能够在图像上清晰分辨出目标的顶点与底点，对于许多不易分辨的目标，这种方法不适用。

(5) 其他因素影响。单像测高是采用物点、像点和镜头中心三点一线的构像方程进行定位，也受到相机安装因素、姿态精度因素、参数精度因素的影响。

7.1.2.2 像图测高

在单像测高的过程中，需要选取垂直目标的顶部和底部的像点才能完成测高工作。但是对于倾斜目标的单像测高的过程中，目标顶部像点很容易确定，但是目标底部像点则不容易确定，因此可以借用数字地图、航天图像等近似正射投影的地图辅助测量。

A　像图三点测高

像图测高过程中采用数字地图、航天图像等近似正射投影的地图来确定测量图像中倾斜目标的底部位置，如图7-4所示。

在图7-4(a)中确定需要测量高程的目标A_1点，在图7-4(b)中找出A_1的同名像点A_2。通过计算确定左图中的垂直光线点O_1，在图7-4(b)中找出O_1的同名像点O_2。在图7-4(a)中确定一个零高程点C_1，在图7-4(b)中找出C_1的同名像点C_2。这种方法称为像图三点测高方法。

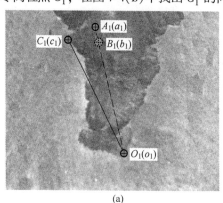 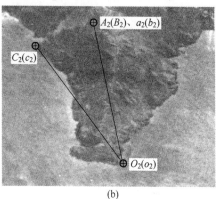

(a)　　　　　　　　　　　　　　　　(b)

图7-4　像图测量原理示意图
(a) 测量图；(b) 辅助图

然后，将a_1、c_1、o_1分别投影到距摄影中心点S为焦距f距离的水平面，生成a_{1p}、c_{1p}、o_{1p}。$a_{1p}o_{1p}$为r_0；$b_{1p}o_{1p}$与r_0之差为δ_h。$b_{1p}o_{1p}$的长度由a_2o_2的长度乘以$c_{1p}o_{1p}$与c_2o_2的比值，如图7-5所示。

最后，将r_0和δ_h代入式(7-8)中即可得到目标点处的高程值。

像图三点测高的主要包括以下几个步骤。

(1) 确定像底点位置。测高不需要图像的方位，所以不需要考虑

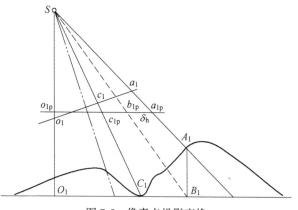

图7-5　像素点投影变换

偏航角κ，故采取机平坐标系。地底点的地物坐标(X_A, Y_A, Z_A)为$(0, 0, h-H)$，代入式(4-102)，可以得到像主点在像平面坐标系下的像点坐标(x_o, y_o)，即：

$$
\begin{cases}
x_o = -f\dfrac{c_1}{c_3} \\[2mm]
y_o = -f\dfrac{c_2}{c_3}
\end{cases}
\tag{7-13}
$$

式中，c_1、c_3由式(2-16)确定。将式(2-16)中c_1、c_3代入式(6-21)，得：

$$\begin{cases} x_o = -f\dfrac{\tan\varphi_3}{\cos(\omega_3 - \omega_1)} \\[3mm] y_o = -f\tan(\omega_3 - \omega_1) \end{cases} \tag{7-14}$$

（2）投影变换。像底点在像平面坐标系下的坐标$(x_o，y_o)$经过投影变换后，很明显为$(0，0)$。因此，不需要转换。所以只需要对点a_1和点c_1进行投影变换。

将点a_1和点c_1转换成距摄影中心点S为焦距f距离的水平面上像点坐标为$(x_{a_{1p}}，y_{a_{1p}})$和$(x_{c_{1p}}，y_{c_{1p}})$。此时，Z_A为$-f$，代入式（4-12）中，得：

$$\begin{cases} x_p = -f\dfrac{a_1 x + a_2 y - a_3 f}{c_1 x + c_2 y - c_3 f} \\[3mm] y_p = -f\dfrac{b_1 x + b_2 y - b_3 f}{c_1 x + c_2 y - c_3 f} \end{cases} \tag{7-15}$$

（3）参数计算。从图7-5可以看出，$a_{1p}o_{1p}$即为r_0，所以r_0为：

$$r_0 = \sqrt{(x_{a_{1p}} - x_{o_{1p}})^2 + (y_{a_{1p}} - y_{o_{1p}})^2} = \sqrt{x_{a_{1p}}^2 + y_{a_{1p}}^2} \tag{7-16}$$

同样，从图7-5可以看出：

$$\frac{\overline{b_{1p}o_{1p}}}{\overline{a_2 o_2}} = \frac{\overline{c_{1p}o_{10}}}{\overline{c_2 o_2}}$$

即：

$$\frac{\overline{b_{1p}o_{1p}}}{\sqrt{(x_{a_2} - x_{o_2})^2 + (y_{a_2} - y_{o_2})^2}} = \frac{\sqrt{x_{c_{1p}}^2 + y_{c_{1p}}^2}}{\sqrt{(x_{c_2} - x_{o_2})^2 + (y_{c_2} - y_{o_2})^2}}$$

所以

$$\overline{b_{1p}o_{1p}} = \sqrt{\frac{(x_{a_2} - x_{o_2})^2 + (y_{a_2} - y_{o_2})^2}{(x_{c_2} - x_{o_2})^2 + (y_{c_2} - y_{o_2})^2}(x_{c_{1p}}^2 + y_{c_{1p}}^2)}$$

因为$b_{1p}o_{1p}$长度与r_0的差值为δ_h，即：

$$\delta_h = r_0 - b_{1p}o_{1p} \tag{7-17}$$

所以

$$\delta_h = \sqrt{x_{a_{1p}}^2 + y_{a_{1p}}^2} - \sqrt{\frac{(x_{a_2} - x_{o_2})^2 + (y_{a_2} - y_{o_2})^2}{(x_{c_2} - x_{o_2})^2 + (y_{c_2} - y_{o_2})^2}(x_{c_{1p}}^2 + y_{c_{1p}}^2)} \tag{7-18}$$

将r_0和δ_h代入式（7-8）中，可以得到目标高程h，即：

$$h = H - H\sqrt{\frac{(x_{a_2} - x_{o_2})^2 + (y_{a_2} - y_{o_2})^2}{(x_{c_2} - x_{o_2})^2 + (y_{c_2} - y_{o_2})^2}\frac{x_{c_{1p}}^2 + y_{c_{1p}}^2}{x_{a_{1p}}^2 + y_{a_{1p}}^2}} \tag{7-19}$$

B 像图两点测高

在像图三点测高的过程，需要选择一个零高程点，但是在一般的航空图像中，不一定都能够选得上零高程点。零高程点的选取主要是用于计算目标底部距像主点的距离，若已经参考图像的地面空间分辨率D，则可以不需要选择零高程点进行测高。在确定同名像点A_2、O_2时，则可以测得$A_2 O_2$的像素个数N，故$A_2 O_2$的地面距离为：

$$L = ND \tag{7-20}$$

再根据航高H、焦距f，可以求出$b_{1p}o_{1p}$长度l，即：

$$\frac{f}{H} = \frac{l}{L} \tag{7-21}$$

将式(7-20)代入式(7-21)，得：

$$l = \frac{f}{H}ND \tag{7-22}$$

将式(7-22)代入式(7-8)，得：

$$h = \frac{r_0 - l}{r_0}H = H - \frac{fND}{r_0} \tag{7-23}$$

将式(7-18)代入式(7-23)，得：

$$h = H - \frac{fND}{\sqrt{x_{a_{1p}}^2 + y_{a_{1p}}^2}} \tag{7-24}$$

通过对像图测高原理进行分析，可得像图测高具有以下特点。

（1）适用范围较广。从像图测高的原理来看，可以适用于所有的航空图像；并且原理比较简单，操作也比较方便，所以适用范围比较广。

（2）测量区域限制。像图测高的核心仍然是根据像点位移进行计算，但根据中心投影的规律，在机下点附近，不论地形起伏程度多大，像点位移量均不大。因此，这种方法不适用机下点附近目标的高度测量。

（3）选点要求严格。目标的像点位移量在航空图像上不是很明显，特别是在地面高程不是很高、高空成像时获得的图像。因此，在选择目标的顶点、零高程点、像主点时，精度要求较高。

（4）参考图像影响。采用像图两点测高时，需要参考图像。参考图像的引入主要用于计算目标底点距投影变换后的机下点的距离，参考图像的精度对测高的精度影响较大。因此，需要选择精度较高的参考图像。

（5）其他因素影响。像图测高核心原理仍然是采用物点、像点和镜头中心三点一线的构像方程进行定位，也受到相机安装因素、姿态精度因素、参数精度因素的影响。

7.2　双幅面阵影像目标测高

单像测高需要确定目标在图像上的顶点与底点，有时不易测得目标底点的情况下；采用参考图虽然可以解决目标底点不易测量的问题，但是对参考图像的精度要求较高，因此可以采用双像测高的方法。

7.2.1　基本原理

依据空间直线（投影光线）交会的原理确定地面目标点的高程，如图7-6所示。确定了空间上点 S_1 ［机平坐标系中坐标为 $(X_{S_1}, Y_{S_1}, Z_{S_1})$ ］和点 a_1 ［机平坐标系中坐标为 (X_1, Y_1, Z_1) ］，就能确定空间中一条直线 $S_1 a_1$ ；确定了空间上点 S_2 ［机平坐标系中坐标为 $(X_{S_2}, Y_{S_2}, Z_{S_2})$ ］和点 a_2 ［机平坐标系中坐标为 (X_2, Y_2, Z_2) ］，就能确定空间中一条直线 $S_2 a_2$ 。如果点 a_1 和点 a_2 是同名像点（相同地物形成的像点），则 $S_1 a_1$ 和 $S_2 a_2$ 延长线必然交地面于点 A ，并且可以根据直线 $S_1 a_1$ 和 $S_2 a_2$ 在空间交点计算出点 A 的高程 Z_A 。这种方法称为空间前方交会法。

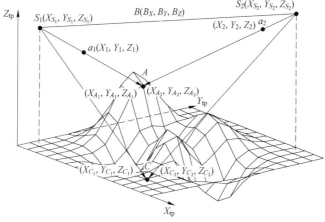

图 7-6 双像测高原理示意图

7.2.2 计算方法

双幅面阵影像目标测高可以采取双幅面阵影像目标定位进行测量，也可以单独进行计算。其计算方法主要包括带基线坐标计算、带零高程点计算、双高程点计算等。

7.2.2.1 带基线坐标计算

设图 7-6 中，地面高程为 h 的点 A 在以 S_1 为原点的计平坐标系中坐标为 $(X_{A_1}, Y_{A_1}, Z_{A_1})$，在以 S_2 为原点的计平坐标系中坐标为 $(X_{A_2}, Y_{A_2}, Z_{A_2})$，由式 (4-100) 可知：

$$\begin{cases} X_{A_1} = (h - H_1) \dfrac{a_{11}x_{a_1} + a_{12}y_{a_1} - a_{13}f}{c_{11}x_{a_1} + c_{12}y_{a_1} - c_{13}f} \\[3mm] Y_{A_1} = (h - H_1) \dfrac{b_{11}x_{a_1} + b_{12}y_{a_1} - b_{13}f}{c_{11}x_{a_1} + c_{12}y_{a_1} - c_{13}f} \\[3mm] X_{A_2} = (h - H_2) \dfrac{a_{21}x_{a_2} + a_{22}y_{a_2} - a_{23}f}{c_{21}x_{a_2} + c_{22}y_{a_2} - c_{23}f} \\[3mm] Y_{A_2} = (h - H_2) \dfrac{b_{21}x_{a_2} + b_{22}y_{a_2} - b_{23}f}{c_{21}x_{a_2} + c_{22}y_{a_2} - c_{23}f} \end{cases} \quad (7\text{-}25)$$

为了表述的方便，令

$$\begin{cases} I_{X_{A_1}} = \dfrac{a_{11}x_{a_1} + a_{12}y_{a_1} - a_{13}f}{c_{11}x_{a_1} + c_{12}y_{a_1} - c_{13}f} \\[3mm] I_{Y_{A_1}} = \dfrac{b_{11}x_{a_1} + b_{12}y_{a_1} - b_{13}f}{c_{11}x_{a_1} + c_{12}y_{a_1} - c_{13}f} \\[3mm] I_{X_{A_2}} = \dfrac{a_{21}x_{a_2} + a_{22}y_{a_2} - a_{23}f}{c_{21}x_{a_2} + c_{22}y_{a_2} - c_{23}f} \\[3mm] I_{Y_{A_2}} = \dfrac{b_{21}x_{a_2} + b_{22}y_{a_2} - b_{23}f}{c_{21}x_{a_2} + c_{22}y_{a_2} - c_{23}f} \end{cases} \quad (7\text{-}26)$$

因为

$$\begin{cases} X_{A_1} = B_X + X_{A_2} \\ Y_{A_1} = B_Y + Y_{A_2} \end{cases} \tag{7-27}$$

将式(7-25)代入式(7-27)，得：

$$\begin{cases} (h - H_1)I_{X_{A_1}} = B_X + (h - H_2)I_{X_{A_2}} \\ (h - H_1)I_{Y_{A_1}} = B_Y + (h - H_2)I_{Y_{A_2}} \end{cases} \tag{7-28}$$

由式(7-28)可以得到：

$$\begin{cases} h = \dfrac{B_X + H_1 I_{X_{A_1}} - H_2 I_{X_{A_2}}}{I_{X_{A_1}} - I_{X_{A_2}}} \\[4mm] h = \dfrac{B_Y + H_1 I_{Y_{A_1}} - H_2 I_{Y_{A_2}}}{I_{Y_{A_1}} - I_{Y_{A_2}}} \end{cases} \tag{7-29}$$

式(7-29)中，B_X、B_Y、H_1、H_2、$I_{X_{A_1}}$、$I_{X_{A_2}}$、$I_{Y_{A_1}}$、$I_{Y_{A_2}}$ 都是已知量。因此，采用式(7-29)中任何一个式子都可以计算得到地面点 A 的高程 h。从式(7-29)可以看出，这种方法只需要一对同名像点即可。

另外，可以按双幅画幅式影像目标定位式(5-21)进行推导，将 $\Delta Z = h - H$ 代入式(5-21)的第三式中，得：

$$h - H_1 = \frac{B_X Z_2 - B_Z X_2}{X_1 Z_2 - X_2 Z_1} Z_1 \tag{7-30}$$

其中 $B_Z = H_2 - H_1$，则式(7-30)可进一步转换为：

$$h = \frac{B_X + H_1 \dfrac{X_1}{Z_1} - H_2 \dfrac{X_2}{Z_2}}{\dfrac{X_1}{Z_1} - \dfrac{X_2}{Z_2}}$$

即式(7-29)的第一式。

如果左右两幅面阵图像均为垂直航空图像时，则外方位元素 $\alpha_1 = \omega_1 = \kappa_1 = \alpha_2 = \omega_2 = \kappa_2 = 0$，而 $a_{11} = b_{12} = c_{13} = a_{21} = b_{22} = c_{23} = 1$，其他均为 0，代入式(7-26)，得：

$$I_{X_{A_1}} = -\frac{x_{a_1}}{f} \quad I_{Y_{A_1}} = -\frac{y_{a_1}}{f} \quad I_{X_{A_2}} = -\frac{x_{a_2}}{f} \quad I_{Y_{A_2}} = -\frac{y_{a_2}}{f} \tag{7-31}$$

将式(7-31)代入式(7-29)，得：

$$\begin{cases} h = \dfrac{H_1 x_{a_1} - H_2 x_{a_2} - f B_X}{x_{a_1} - x_{a_2}} \\[4mm] h = \dfrac{H_1 y_{a_1} - H_2 y_{a_2} - f B_Y}{y_{a_1} - y_{a_2}} \end{cases} \tag{7-32}$$

如果左右两幅图像均为高度为 H 时成像，则式(7-32)可进一步简化为：

$$\begin{cases} h = H - \dfrac{fB_X}{x_{a_1} - x_{a_2}} \\[3mm] h = H - \dfrac{fB_Y}{y_{a_1} - y_{a_2}} \end{cases} \tag{7-33}$$

7.2.2.2 带零高程点计算

B_X、B_Y可用零高程点 C 计算得到。设图 7-6 中地面零高程点 C 在以 S_1 为原点的计平坐标系中坐标为 $(X_{C_1},\ Y_{C_1},\ Z_{C_1})$，在以 S_2 为原点的计平坐标系中坐标为 $(X_{C_2},\ Y_{C_2},\ Z_{C_2})$，由式(4-100)可知：

$$\begin{cases} X_{C_1} = -H_1 \dfrac{a_{11}x_{c_1} + a_{12}y_{c_1} - a_{13}f}{c_{11}x_{c_1} + c_{12}y_{c_1} - c_{13}f}, \quad Y_{C_1} = -H_1 \dfrac{b_{11}x_{c_1} + b_{12}y_{c_1} - b_{13}f}{c_{11}x_{c_1} + c_{12}y_{c_1} - c_{13}f} \\[3mm] X_{C_2} = -H_2 \dfrac{a_{21}x_{c_2} + a_{22}y_{c_2} - a_{23}f}{c_{21}x_{c_2} + c_{22}y_{c_2} - c_{23}f}, \quad Y_{C_2} = -H_2 \dfrac{b_{21}x_{c_2} + b_{22}y_{c_2} - b_{23}f}{c_{21}x_{c_2} + c_{22}y_{c_2} - c_{23}f} \end{cases} \tag{7-34}$$

为了表述的方便，令

$$\begin{cases} I_{X_{C_1}} = \dfrac{a_{11}x_{c_1} + a_{12}y_{c_1} - a_{13}f}{c_{11}x_{c_1} + c_{12}y_{c_1} - c_{13}f} \\[3mm] I_{Y_{C_1}} = \dfrac{b_{11}x_{c_1} + b_{12}y_{c_1} - b_{13}f}{c_{11}x_{c_1} + c_{12}y_{c_1} - c_{13}f} \\[3mm] I_{X_{C_2}} = \dfrac{a_{21}x_{c_2} + a_{22}y_{c_2} - a_{23}f}{c_{21}x_{c_2} + c_{22}y_{c_2} - c_{23}f} \\[3mm] I_{YC_2} = \dfrac{b_{21}x_{c_2} + b_{22}y_{c_2} - b_{23}f}{c_{21}x_{c_2} + c_{22}y_{c_2} - c_{23}f} \end{cases} \tag{7-35}$$

因为

$$\begin{cases} X_{C_1} = B_X + X_{C_2} \\ Y_{C_1} = B_Y + Y_{C_2} \end{cases} \tag{7-36}$$

将式(7-34)代入式(7-36)，得：

$$\begin{cases} -H_1 I_{X_{C_1}} = B_X - H_2 I_{X_{C_2}} \\ -H_1 I_{Y_{C_1}} = B_Y - H_2 I_{Y_{C_2}} \end{cases} \tag{7-37}$$

从式(7-37)中可以看出：

$$\begin{cases} B_X = H_2 I_{X_{C_2}} - H_1 I_{X_{C_1}} \\ B_Y = H_2 I_{Y_{C_2}} - H_1 I_{Y_{C_1}} \end{cases} \tag{7-38}$$

将式(7-38)代入式(7-29)，得：

$$\begin{cases} h = \dfrac{H_2 I_{X_{C_2}} - H_1 I_{X_{C_1}} + H_1 I_{X_{A_1}} - H_2 I_{X_{A_2}}}{I_{X_{A_1}} - I_{X_{A_2}}} \\[4mm] h = \dfrac{H_2 I_{Y_{C_2}} - H_1 I_{Y_{C_1}} + H_1 I_{Y_{A_1}} - H_2 I_{Y_{A_2}}}{I_{Y_{A_1}} - I_{Y_{A_2}}} \end{cases} \tag{7-39}$$

即：

$$
\begin{cases}
h = \dfrac{I_{X_{A_1}} - I_{X_{C_1}}}{I_{X_{A_1}} - I_{X_{A_2}}}H_1 - \dfrac{I_{X_{A_2}} - I_{X_{C_2}}}{I_{X_{A_1}} - I_{X_{A_2}}}H_2 \\[3mm]
h = \dfrac{I_{Y_{A_1}} - I_{Y_{C_1}}}{I_{Y_{A_1}} - I_{Y_{A_2}}}H_1 - \dfrac{I_{Y_{A_2}} - I_{Y_{C_2}}}{I_{Y_{A_1}} - I_{Y_{A_2}}}H_2
\end{cases}
\tag{7-40}
$$

由式(7-40)的第二式，可求得 H_2 为：

$$
H_2 = \frac{I_{Y_{A_1}} - I_{Y_{C_1}}}{I_{Y_{A_2}} - I_{Y_{C_2}}}H_1 - \frac{I_{Y_{A_1}} - I_{Y_{A_2}}}{I_{Y_{A_2}} - I_{Y_{C_2}}}h
\tag{7-41}
$$

将式(7-41)代入式(7-40)的第一式中，就可以求得地面目标的高程 h，即：

$$
h = \frac{(I_{X_{A_1}} - I_{X_{C_1}})(I_{Y_{A_2}} - I_{Y_{C_2}}) - (I_{X_{A_2}} - I_{X_{C_2}})(I_{Y_{A_1}} - I_{Y_{C_1}})}{(I_{X_{A_1}} - I_{X_{A_2}})(I_{Y_{A_2}} - I_{Y_{C_2}}) - (I_{X_{A_2}} - I_{X_{C_2}})(I_{Y_{A_1}} - I_{Y_{A_2}})}H_1
\tag{7-42}
$$

这种方法需要找到两对同名像点，并且其中一个必须是零高程同名像点。

零高程点特例计算：若左右两幅图像均为垂直航空图像，则坐标 $\alpha_1 = \omega_1 = \kappa_1 = \alpha_2 = \omega_2 = \kappa_2 = 0$，则 $a_{11} = b_{12} = c_{13} = a_{21} = b_{22} = c_{23} = 1$，其他均为 0，代入式(7-40)，得：

$$
\begin{cases}
I_{X_{A1}} = -\dfrac{x_{a_1}}{f} \quad I_{Y_{A1}} = -\dfrac{y_{a_1}}{f} \quad I_{X_{A2}} = -\dfrac{x_{a_2}}{f} \quad I_{Y_{A2}} = -\dfrac{y_{a_2}}{f} \\[3mm]
I_{X_{C1}} = -\dfrac{x_{c_1}}{f} \quad I_{Y_{C1}} = -\dfrac{y_{c_1}}{f} \quad I_{X_{C2}} = -\dfrac{x_{c_2}}{f} \quad I_{Y_{C2}} = -\dfrac{y_{c_2}}{f}
\end{cases}
\tag{7-43}
$$

将式(7-43)代入式(7-39)，得：

$$
\begin{cases}
h = \dfrac{H_1\left(-\dfrac{x_{a_1}}{f} + \dfrac{x_{c_1}}{f}\right) - H_2\left(-\dfrac{x_{a_2}}{f} + \dfrac{x_{c_2}}{f}\right)}{-\dfrac{x_{a_1}}{f} + \dfrac{x_{a_2}}{f}} \\[6mm]
h = \dfrac{H_1\left(-\dfrac{y_{a_1}}{f} + \dfrac{y_{c_1}}{f}\right) - H_2\left(-\dfrac{y_{a_2}}{f} + \dfrac{y_{c_2}}{f}\right)}{-\dfrac{y_{a_1}}{f} + \dfrac{y_{a_2}}{f}}
\end{cases}
$$

整理可得：

$$
\begin{cases}
h = \dfrac{H_1(x_{c_1} - x_{a_1}) - H_2(x_{c_2} - x_{a_2})}{x_{a_2} - x_{a_1}} \\[4mm]
h = \dfrac{H_1(y_{c_1} - y_{a_1}) - H_2(y_{c_2} - y_{a_2})}{y_{a_2} - y_{a_1}}
\end{cases}
\tag{7-44}
$$

若高程相等，则式(7-44)可进一步简化为：

$$
\begin{cases}
h = H\dfrac{(x_{a_1} - x_{a_2}) - (x_{c_1} - x_{c_2})}{x_{a_1} - x_{a_2}} \\[4mm]
h = H\dfrac{(y_{a_1} - y_{a_2}) - (y_{c_1} - y_{c_2})}{y_{a_1} - y_{a_2}}
\end{cases}
\tag{7-45}
$$

从式(7-45)可以看出，利用双像测高的过程中，只要保证左右图像的方向一致性，不用考虑左右图像的具体方向，直接采用同名像点在图像中的行列坐标（坐标原点在图像的左上角），进行计算。

为了统一 X 和 Y 方向，令

$$\begin{cases} p_a = x_{a_1} - x_{a_2} \\ p_c = x_{c_1} - x_{c_2} \end{cases} \quad 或 \quad \begin{cases} p_a = y_{a_1} - y_{a_2} \\ p_c = y_{c_1} - y_{c_2} \end{cases} \tag{7-46}$$

因此，式(7-46)可以统一写为：

$$h = \frac{p_a - p_c}{p_a} H \tag{7-47}$$

式(7-47)还可写为：

$$h = \frac{p_a - p_c}{p_c + (p_a - p_c)} H \tag{7-48}$$

若令

$$\Delta p_{ac} = p_a - p_c$$

则式(7-48)可写为：

$$h = \frac{\Delta p_{ac}}{p_c + \Delta p_{ac}} H$$

也可以从图7-6推导。假设两张相邻的空中图像，在照相的瞬间照相光轴是垂直的，并且两个投影中心位于同一水平面上。

则地面点 A 在两张空中图像上的像点为 a_1 和 a_2，点 C 在两张空中图像上的像点为 c_1 和 c_2，a_1、a_2、c_1、c_2 横坐标分别为 x_{a_1}、x_{a_2}、x_{c_1}、x_{c_2}。横坐标以像主点为原点，右边为正、左边为负，则 x_{a_1}、x_{c_1} 为正值，x_{a_2}、x_{c_2} 为负值。

因此，A、C 两点的左右视差为：

$$p_a = x_{a_1} - (-x_{a_2}) = x_{a_1} + x_{a_2}$$
$$p_c = x_{c_1} - (-x_{c_2}) = x_{c_1} + x_{c_2}$$

它也等于将 S_2a_2 和 S_2c_2 平行移动至左边图像 S_2a_2' 和 S_2c_2'，即：

$$p_a = \overline{o_1a_1} - \overline{o_1a_2'} = \overline{a_1a_2'}, \quad p_c = \overline{o_1c_1} - \overline{o_1c_2'} = \overline{c_1c_2'}$$

从图7-7中 $\triangle S_1S_2A$ 和 $\triangle a_1a_2'S_1$ 相似关系，以及 $\triangle S_1S_2C$ 和 $\triangle c_1c_2'S_1$ 相似关系，分别得到点 A 和点 C 的左右视差为：

$$p_a = \frac{f}{H-h} B, \quad p_c = \frac{f}{H} B \tag{7-49}$$

式中，B 为照相基线长。

由式(7-49)可知，任意一点的左右视差与物点至传感器的垂直距离成反比。由于各点的高低不同，其左右视差也不相等，左右视差越大，高程差越大。根据这样的原理，就可以用比较左右视差的关系，计算地面点高程。

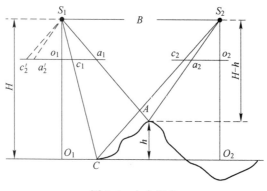

图 7-7　左右视差

具有高度差的任何两点，其左右视差的差值称为该两点的左右视差较（用 Δp 表示），则 Δp 与高度差的关系为：

$$\Delta p = p_a - p_c = \frac{f}{H-h}B - \frac{f}{H}B = \frac{Bf}{H}\frac{h}{H-h}$$

故

$$\Delta p = \frac{bh}{H-h}$$

将式移项得到地面点高程计算式为：

$$h = \frac{\Delta p}{b + \Delta p}H \tag{7-50}$$

式中，Δp 为所取两点左右视差；b 为图像基线长度。

由式(7-50)可知，只要知道图像的基线长度（b）、传感器高度（H）和左右视差较（Δp）就可计算出地面点的高程值。

例 7-1　如图 7-8 所示，其中 $x_{c_1} = 0.5\text{cm}$、$x_{a_1} = 4.2\text{cm}$、$x_{a_2} = -6.9\text{cm}$、$x_{c_2} = -9.9\text{cm}$，航高 $H = 1000\text{m}$，求像点 a 处的高程。

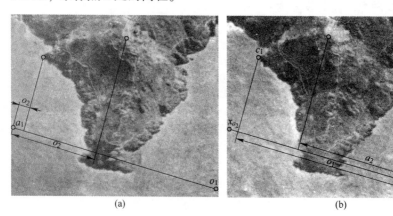

(a)　　　　　　　　　　　　(b)

图 7-8　视差测高示意图

（a）左图像；（b）右图像

解： 根据题意得：

$$p_a = x_{a_1} - (-x_{a_2}) = x_{a_1} + x_{a_2} = 4.2 + 6.9 = 11.1(\text{cm})$$
$$p_c = x_{c_1} - (-x_{c_2}) = x_{c_1} + x_{c_2} = 0.5 + 9.9 = 10.4(\text{cm})$$
$$\Delta p = p_a - p_c = 11.1 - 10.4 = 0.7(\text{cm})$$

将 p_a、p_c 和 H 代入式(7-50)，得：

$$h = \frac{\Delta p}{b + \Delta p}H = \frac{0.7}{10.4 + 0.7} \times 1000 \approx 63(\text{m})$$

故像点 a 处的高程约为 63m。

通过双像测高的原理可以看出双像测高具有以下特点。

(1) 适用范围较广。从双像测高的原理来看，可以适用于所有的航空图像，所以适用范围比较广。

(2) 选点要求严格。双像测高的原理是采用两对同名像点进行测高，同名像点的选择精度对测高的精度影响较大。因此，在选择同名像点时，精度要求较高。

(3) 其他因素影响。双像测高核心原理仍然是采用物点、像点和镜头中心三点一线的构像方程进行定位，也受到相机安装因素、姿态精度因素、参数精度因素的影响。

7.3 阴影测高

在日常生活中，经常可以看到这样的现象：当太阳刚刚升起和即将落山的时候，地面上物体的阴影就特别长；而当太阳在顶空的时候，阴影又特别短。同时，在同一时间内又能明显地看出物体的高度不同，其阴影的长度也就不同。这些现象都说明了阴影的长度与太阳高度角的大小及目标高度是直接联系着的。当太阳高度角和目标高度不同时，目标阴影的长短也就不同。因此，要利用阴影测量目标高度，就必须从太阳高度角、目标高度和阴影长度的相互关系中，找出其变化规律，并运用这一规律来解决在图像上测量目标高度的问题。

7.3.1 基本原理

从图 7-9 中可以看出，阴影长度与目标高度和太阳高度之间的关系为：

$$h = L\tan h_\theta \tag{7-51}$$

式中，L 为阴影实际长度；h_θ 为太阳高度角。

式(7-51)表明，只要知道太阳高度角和阴影的长度，就可以求出目标的高度。

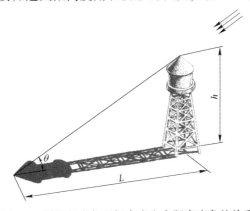

图 7-9　阴影长度与目标高度和太阳高度角的关系

7.3.2 计算方法

阴影测高的核心部分为太阳高度角计算和阴影长度测量。太阳高度角可以根据第 3 章 3.2.6 小节推导的式(3-27)进行计算；而阴影长度根据第 6 章相关内容进行测量。只需要计算阴影长度时，不可考虑图像的方位。因此，只需要采用航空平台的直角坐标系即可，故不需要考虑偏航角。

例 7-2 设冈山有一天线塔，该塔投在地面上的阴影长为 5m，照相日期为 1974 年 5 月 5 日，照相时间为北京时间上午 11 时 16 分，冈山位于北纬 22°48′、东经 120°15′。求天线塔的高度。

解： 按照式(3-7)计算太阳日角 θ 为 44.4756°（0.7762rad）；按照式(3-8)计算太阳赤纬 δ 为 16.1086°；按照式(3-13)计算时差 E_t 为 3.4425min；按照式(3-22)计算太阳时角 τ 为 -9.8894°；按照式(3-27)计算太阳高度角 h 为 78.5298°；按照式（7-51）可得：

$$h = 5 \times \tan\left(78.5298 \times \frac{\pi}{180}\right) = 24.6413(\text{m})$$

因此，天线塔的高度约为 24.6413m。

通过阴影测高的原理可以看出阴影测高具有以下特点。

（1）操作方便简捷。该算法较好地采用了成像日期、成像时间、成像经纬坐标自动计算太阳高度角，不需要人工查阅太阳高度表，因此操作比较方便简捷。

（2）适用范围受限。利用阴影测高的基本原理是利用了阴影的长度来计算目标的高度，但是处在正午时刻，目标的阴影较短，或没有阴影，不利于采用这种方法测量目标高度。

（3）其他因素影响。阴影测高需要测量阴影的长度。而阴影的长度是采用物点、像点和镜头中心三点一线的构像方程进行测量，也受到相机安装因素、姿态精度因素、参数精度因素的影响。

8 影像方位测量

判定空中照片的方位，就是确定空中照片的真北方向。在判读时，不论是对固定目标的判读还是对活动目标的判读，都必须确定空中照片的方位，以便准确地确定目标所在的位置，为进一步分析目标的情况提供重要的依据。因此，判定空中照片的方位是具有重要意义的。目前，测定图像方位主要有以下三种方法：一是利用地形进行确定，就是将地形图和航空图像进行对照，以地形图的方位来确定航空图像的方位；二是利用飞行航向进行确定。航向是航空平台运动的方向，通常采用航向主要有真航向（平台运动方向与真北的夹角）、磁航向（平台运动方向与磁北的夹角）和罗航向（平台运动方向与磁罗盘指示方向的夹角）；三是利用物体阴影特征进行确定。

8.1 利用地形图判定方位

利用地形图判定方位，就是利用地形图和空中照片对照来确定空中照片的方位。利用这种方法判定方位时，应首先确定空中照片在地形图上的位置；然后在空中照片上，选择相距较远而且比较明显的两个目标连成一直线，并延伸至空中照片的边缘；再在地形图上将相应的两个目标连成一直线，并将其延长；然后将空中照片放在地形图上，使所连的直线互相重叠，此时地形图上所指的真北方向就是空中照片的真北方向。

8.1.1 基本原理

利用地形图判定方位（也称比对测向）主要是将未知方位图像与已知方位的图像进行纹理比对，用已知图像的方位来确定测量图像的方位，如图 8-1 所示。根据右侧参考图像的已知方位，来确定左侧的测量图像方位。

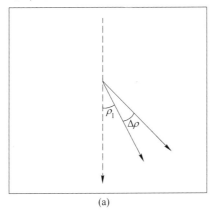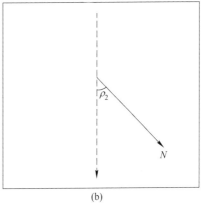

(a) (b)

图 8-1 比对测向

（a）测量图像；（b）参考图像

8.1.2 计算方法

采用式(8-1)计算参考图像的正北方向与正下方的夹角 ρ_2。同理，采用式(8-1)计算测量图像上与参考图像正北方向与正下方的夹角 ρ_1。然后，计算二者之间的差值 $\Delta\rho$，其计算公式为：

$$\Delta\rho = \rho_1 - \rho_2 \tag{8-1}$$

式中，$\Delta\rho$ 为测量图像相对于参考图像的转动角度，顺时针为正，逆时针为负。

首先，在参考图像正北方向上，从中心向四周顺序，选择两点 A_2、B_2。在测量图像上选择 A_2、B_2 的同名点 A_1、B_1，如图 8-2 所示。记录测量图像 A_1、B_1 的行列坐标为 (m_1, n_1) 和 (m_2, n_2)。

按照图 8-2 所示计算图像正北方向与正下方向的夹角 ρ_1，然后在测量图像上按照夹角 ρ_1 标记正北方向。

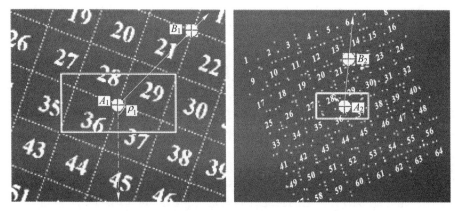

图 8-2 转动示意图

8.2 利用飞行航向判定方位

飞机航向是用来表示飞机运动方向的。可以利用飞行航向相关角度来对航空图像进行定向。常用的飞行航向角有真航向（真北角）、磁航向、罗航向等。

8.2.1 基本原理

航向以经线北端（真北方向）顺时针量至飞机纵轴前端的角度来表示，范围是 0°～360°。由于空中照相机安装在飞机上时，它的纵轴与飞机纵轴是一致的，因此在垂直成像状态，无风或顺、逆风时，每张空中照片像主点的连线（即航迹线）或空中照片的纵边与航向是一致的，如图 8-3 所示。因此，只要知道照相时的航向，就可以根据上述关系，求出空中照片的真北方向。

8.2.2 计算方法

飞机的航向有好几种。以真北为基准测出的方向称为真航向（Z_X）；以磁北为基准测出的方向称为磁航向（C_X）；以飞机上磁罗盘指示的方向称为罗航向（L_X）。这三种航向之间都有一定的角度差。

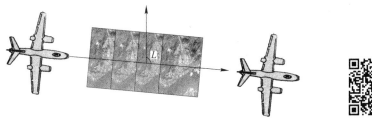

图 8-3　航向和航迹一致时判定方位

磁北与真北所夹的角度称为磁差（ΔC），计算时以真北为基准，磁北偏东时为正，偏西时为负，如图 8-4 所示。

磁差可以在航行地图上直接查出或通过计算得到。磁北和罗盘北的夹角称为罗差（ΔL），计算时以磁北为准，罗盘北偏东为正，偏西为负，如图8-4所示。罗差值的大小，可从罗差表上直接查出。

空中照片的方位是以真北为准的，而照相时所记录的不一定是真航向，所以必须将其换算成真航向，才能求出空中照片的真北。各种航向的换算关系为：

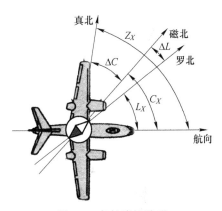

真航向（Z_X）=磁航向（C_X）+磁差（ΔC）

磁航向（C_X）=罗航向（L_X）+罗差（ΔL）

总差（C）=磁差（ΔC）+罗差（ΔL）

真航向（Z_X）=罗航向（L_X）+总差（C）

图 8-4　各航线间关系

从以上关系式可以看出，只要知道照相时的任何一种航向，就能将其换算成真航向。然后以空中照片像主点的连线或空中照片的纵边为准，按反时针方向量取真航向的度数，即为空中照片的真北方向。

但是，在空中照相时，往往由于侧风的影响，造成航迹线与航向线的不一致，而产生一个偏角(见图8-5)，其夹角称为偏流角（P_L）。

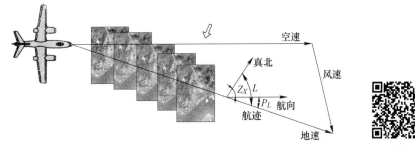

图 8-5　未修正侧风时航迹线和航向线的关系

因此，在使用航向判定空中照片的真北方向时，如果存在偏流，则必须予以修正。其修正方法是：以航向线为基准，航迹线偏于左侧时，偏流为负，偏于右侧时，偏流为正，将航向修正偏流后的角度（即为航迹角），也就是每张空中照片像主点连线与真北的夹角。根据航迹角，即可按上述方法在空中照片上量取真北方向。航迹角 L 与真航向 Z_X 和偏流角 P_L 的关系式为：

$$航迹角（L）= 真航向（Z_X）+ 偏流（P_L）$$

例如，图 8-6 的航空图像与对应的成像辅助参数信息，真航向 Z_X 为 112：35：59，则根据真航向的定义，航空平台的纵轴（正上方）转动 $-Z_X$ 的角度方向，则为真北方向。

注意：根据真航向的定义，真航向只有正值，范围为 0~360°，转动负真航向角，只有逆时针转动。

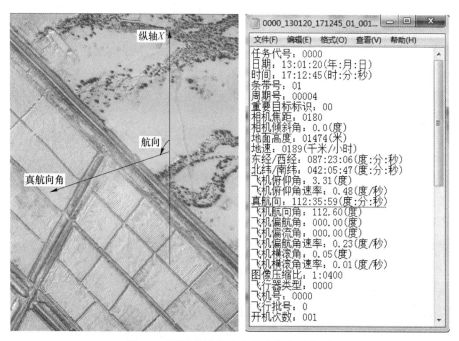

图 8-6 利用真航向确定真北方向示意图

8.3 利用阴影判定方位

地球的自转，使人们除了每天看到太阳高度角的大小以及物体阴影长短的变化外，还可以看到太阳方向也在自东向西地移动着。这时，物体阴影的方向也随之改变。由此可知，阴影的方向是随太阳方向的改变而改变的，因此可以利用阴影方位来判断影像的方位。

8.3.1 基本原理

从图 8-7 可以看出，影像中阴影反方向的延长线就是太阳的方向线，太阳方向线与真南（或真北）所夹的角度，就是太阳方位角，上午为负值，下午为正值。

本章按照第 3 章的定义，采取按正南方向夹角来定义太阳方位角。阴影方向与太阳方向线相差 180°。因此，只要掌握了太阳方向与阴影方向的变化规律，并从中求出太阳方位角，就可以利用阴影求出空中照片的真北方向。

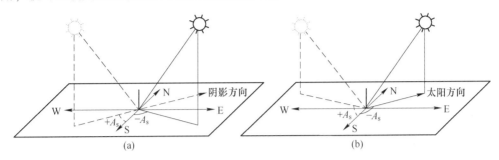

图 8-7　太阳方位角示意图

（a）太阳处在目标南方；（b）太阳处在目标北方

8.3.2　计算方法

从图 8-7 可以看出，对于赤纬以北，北极圈以南的地区，上午时刻，以阴影方向线为基准，顺时针转动太阳方位角 $|A_s|$，即正北方向；当地时间正午时刻，阴影正好指向正北方向；下午时刻，以阴影方向线为基准，逆时针转动太阳方位角 A_s，即正北方向。如图 8-8(a) 所示。

对于赤纬以南，南圈以北地区，如图 8-8（b）所示。上午时刻，以阴影方向线为基准，顺时针转动太阳方位角 $|A_s|$，即正北方向；当地时间正午时刻，阴影正好指向正南方向；下午时刻，以阴影方向线为基准，逆时针转动太阳方位角 A_s，即正北方向。

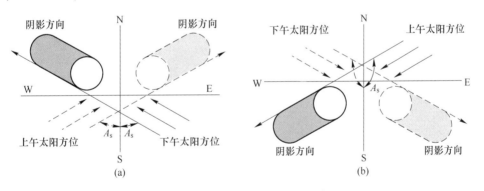

图 8-8　太阳方位角与阴影之间的关系

若规定顺时针转动为正角，逆时针转动为负角，则可以认为不论是上午还是下午，均是以阴影方向线为基准，转换转动太阳方位角 A_s，即为真北方向。

若从图像中可以测量出阴影方向角 θ（阴影方向与正上方向的夹角，顺时针为正，逆时针为负），则图像上真北方向角 ω 为：

$$\omega = \theta - A_s \tag{8-2}$$

例 8-1　图 8-9 的图像拍摄于 1986 年 4 月 2 日，北京时间为上午 9 时；位于东经 114°30′、北纬 26°。在图 8-9 中可以很容易测得阴影的反向方向，即为太阳方向线。

解：（1）通过式(3-2)计算积日初始值 N_0；

（2）通过式(3-3)计算积日修正值 ΔN；

（3）通过式(3-1)计算日角 $\theta = 0.2031\text{rad}$。

（4）通过式(3-8)计算赤纬 $\delta = 4.6202°$；

（5）通过式(3-13)计算时差 $E_t = -4.0629\text{min}$；

（6）通过式(3-22)计算时角 $\tau = -51.5157°$。

（7）通过式(3-34)计算方位角 $A_s = -75.6563°$。

由于赤纬 $4.6202°$ 小于成像地理纬度 $26°$，并且成像时间为上午 9 时，因此在航空图像上找到阴影方向，然后顺时针旋转 $75.6563°$，即得到真北方向，结果如图 8-10 所示。

图 8-9　阴影方向线

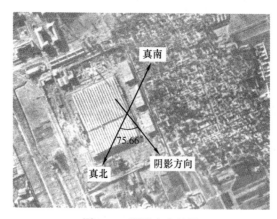

图 8-10　阴影定向结果

参 考 文 献

[1] 都基焱,段连飞,黄国满.无人机电视遥感目标定位原理[M].合肥:中国科学技术大学出版社,2013.

[2] 樊邦奎,段连飞,赵炳爱.无人机遥感目标定位技术[M].北京:国防工业出版社,2014.

[3] 程红,仇荣超,孙文邦.遥感图像目标的定位算法[J].红外技术,2015,37(7):831-837.

[4] 胡中华.基于智能优化算法的无人机航迹规划若干关键技术研究[D].南京:南京航空航天大学,2011.

[5] 邵慧.无人机高精度目标定位技术研究[D].南京:南京航空航天大学,2014.

[6] 王之卓.摄影测量原理[M].武汉:武汉大学出版社,2007.

[7] 张祖勋,张剑清.数字摄影测量学[M].武汉:武汉测绘科技大学出版社,1997.

[8] 李德仁.解译摄影测量学[M].武汉:武汉测绘科技大学出版社,1992.

[9] 樊邦奎.现代战场遥感技术[M].北京:国防工业出版社,2008.